KB266338

찾았다! 랜드마크에 숨은 세계 지리

찾았다! 랜드마크에 숨은 세계 지리

롯데월드 타워에서 부르즈 할리파까지
전망대에서 만나는 세계 도시 이야기

최재희 지음

곰곰

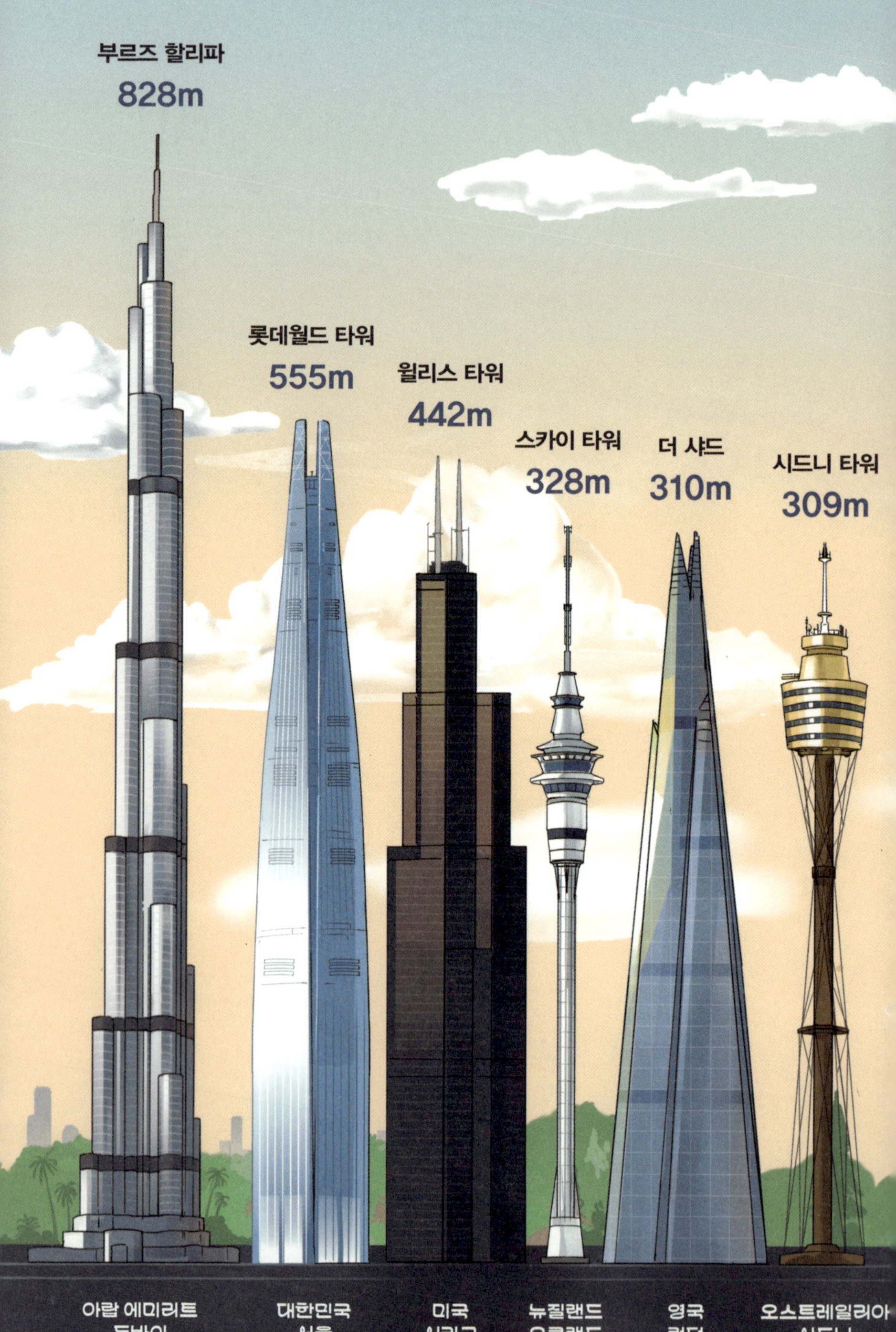

부르즈 할리파
828m
롯데월드 타워
555m
윌리스 타워
442m
스카이 타워
328m
더 샤드
310m
시드니 타워
309m
아랍 에미리트
두바이
대한민국
서울
미국
시카고
뉴질랜드
오클랜드
영국
런던
오스트레일리아
시드니

그란 토레
산티아고
300m
카이로 타워
187m
미란치
두 발리
170m
포인 파나마
155m
케냐타 국제
컨벤션 센터
105m
스카이휠
40m
칠레
산티아고
이집트
카이로
브라질
상파울루
파나마
파나마 시티
케냐
나이로비
핀란드
헬싱키

머리말

아찔한 높이에서 만나는
짜릿한 세계 도시 이야기

슈퍼 영웅은 대부분 하늘을 나는 초능력이 있습니다. 펄럭이는 망토, 로켓 신발, 거미줄 등 다양한 형태로 하늘을 나는 기술을 구사하죠. 이처럼 신비로운 힘을 가진 슈퍼 영웅은 사람들의 마음을 단박에 사로잡습니다. 하지만 하늘을 날 수 없는 우리는 다른 방법을 찾아야 합니다. 가장 간단한 길은 높은 곳에 오르는 것입니다. 바로 초고층 빌딩이나 전망대에 오르는 거예요.

세계에서 이름난 도시에는 대개 약속이라도 한 듯 초고층 빌딩이 있습니다. 1초에 10미터를 이동하는 고속 엘리베이터를 타면, 500미터가 넘는 빌딩이라도 1분 안에 꼭대기까지 오를 수 있어요. 초고층 전망대에 올라 아래를 내려다보면 마치 하늘을 나는 듯한 경험을 할 수 있습니다. 이 자체로도 무척 즐거운 경험이지만, 전망대에서 할 수 있는 흥미진진한 일이 하나 더 있습니다. 바로 도시 풍경에 숨은 이야기를 찾아내는 일이에요.

날씨가 맑은 날이면 저는 아이와 함께 롯데월드 타워 전망대 '서울 스카이'에 오르곤 했습니다. 미니어처처럼 작아진 도시 곳곳을 내려다보며 이런저런 지리 이야기를 나눴어요. 그러면서 새삼 깨달았습니다. 서울이라는 도시가 산으로 빙 둘러싸였다는 점, 한강이 서울의 한복판을 가로질러 흐른다는 점을요. 전망대 바로 밑에 있는 커다란 놀이공원과 호수를 보며 놀이공원이 어째서 이곳에 들어섰는지, 호수 물은 어디에서 오고 어디로 흘러

가는지를 추적하면 도시 변천의 역사를 알 수 있었죠.

이처럼 전망대에서 바라보는 도시 경관은 그 속에 풍성한 이야기를 담고 있습니다. 그러니 이왕 전망대에 올랐다면 멋진 풍경을 즐기는 데에서 한 발 더 나아가 보세요. 공간의 밑그림을 그려 보거나 도시 읽기를 시도해 보는 거예요.

도시가 얹힌 땅의 밑그림을 그리면 그물망처럼 복잡하게 얽힌 다양한 도시 요소를 통합해 이해할 수 있습니다. 도시가 있는 공간이 산지인지 평지인지 해안인지를 파악하고, 왜 이곳에 주택이, 저곳에 공장이, 또 저 멀리에는 고층 빌딩과 상가가 있는지를 탐구하는 거예요. 이렇게 뜯어보면 모래알처럼 흩어져 있는 요소를 한데 묶어 이해할 수 있습니다. 앞서 이야기했듯이 도시가 연출하는 경관은 그 속에서 살아가는 사람이 만들어 온 역사와 문화, 기술이 모두 어우러진 '종합 텍스트'거든요.

전망대에서 도시를 내려다보면 도로망의 특징, 녹지 공간의 비율, 돈이 모이는 곳과 그렇지 않은 곳의 차이 등이 선명하게 드러납니다. 숨은그림찾기처럼 숨어 있던 도시 이야기가 새록새록 솟아나죠. 또 주거 형태가 다양하지 않고 아파트만 있을 때 어떤 문제가 생길 수 있는지, 상업 시설이 특정 공간에 집중되면 어떤 부작용이 있는지도 고민해 볼 수 있어요. 땅에선 미처 알기 힘든 도시의 이야기를 발굴하는 특권! 그게 바로 도시를 여행할 때 반드시 전망대에 올라야 할 특별한 이유랍니다.

오늘날은 바야흐로 도시의 전성시대입니다. 국제 연합(UN) 통계에 따르면 2030년에는 세계 인구의 세 명 중 두 명이 도시에 거주할 것이라고 합니다. 매년 약 7,700만 명이 도시 사람이 되는 추세입니다. 그런 면에서 도시를 제대로 알아야 할 필요성도 나날이 높아지고 있어요. 전망대에서 펼치는 도시 탐구는 지구촌의 화두인 '지속 가능한 도시'의 모습을 상상하고 그리는 일과도 맞닿아 있습니다.

그래서 세계 곳곳의 전망대에 여러분과 올라가 봐야겠다고 생각했습니다. 그곳에서 여러 도시의 경관을 함께 읽어 보고 싶었어요. 역사적 무게를 지닌 공간에선 도시의 과거로, 화려한 트렌드를 반영한 공간에선 현재와 미래로 이야기의 줄기를 잡아 가지를 뻗어 나갈 거예요. 화려한 도시 이면의 짙은 그림자도 살펴보게 될 겁니다.

여러분이 책을 덮을 즈음 더 좋은 도시 생활자가 되어야겠다는 마음가짐을 품는다면, 지은이로서 더할 나위 없이 기쁠 거예요. 진정한 세계 시민으로서 우뚝 서는 그 모습을 볼 수 있다면요! 설레는 마음과 짜릿한 기대감을 품고 저와 함께 전망대에 올라 볼까요?

차례

머리말 아찔한 높이에서 만나는 짜릿한 세계 도시 이야기 6

01 아랍 에미리트 ♀ 부르즈 할리파

두바이를 만든 도시 브랜딩의 힘 13

02 대한민국 ♀ 롯데월드 타워

공간에 얽힌 다층적 기억, 장소감 29

03 미국 ♀ 윌리스 타워

시카고에서 배우는 도시 계획 45

04 파나마 ♀ 포인 파나마

세계 물류의 지름길, 운하 속 지경학 65

05 칠레 ♀ 그란 토레 산티아고

풍경에 숨은 지리적 단서를 읽는 법 83

06 브라질 ♀ 미란치 두 발리

상파울루에서 만나는 세계 도시의 조건 99

07 핀란드 ♀ 스카이휠

모빌리티 선도 도시 헬싱키의 비결   115

08 영국 ♀ 더 샤드

템스강을 품은 금융 허브 도시, 런던   133

09 케냐 ♀ 케냐타 국제 컨벤션 센터

부동산 투자가 만든 나이로비의 두 얼굴   153

10 이집트 ♀ 카이로 타워

사막에 피어난 스마트 시티, 카이로   171

11 오스트레일리아 ♀ 시드니 타워

이주의 물결이 만든 다양성과 다문화주의   187

12 뉴질랜드 ♀ 스카이 타워

생태 도시를 향한 오클랜드의 도전   203

이미지 출처   222

01

부르즈 할리파

아랍 에미리트 두바이

두바이를 만든
도시 브랜딩의 힘

첫 번째로 함께 둘러볼 곳으로는 세계에서 가장 높은 빌딩이 좋겠어요. 2026년 기준, 세계에서 가장 높은 건물은 부르즈 할리파입니다. 아랍 에미리트 두바이에 있는 높이 828미터의 마천루죠. 굳이 서두에 기준 연도를 밝힌 이유는 머지않아 세계 최고층이라는 타이틀을 내려놓을 예정이기 때문입니다. 새로운 주인공은 제다 타워입니다. 사우디아라비아의 항구 도시 제다에 높이 1,008미터를 목표로 한 초고층 빌딩이 올라가는 중입니다.

부르즈 할리파는 2009년에 완공됐습니다. 세계적으로 워낙 상징성이 강한 건축물이라 영화 〈미션 임파서블〉에도 등장했어요. 끈끈이 장갑을 끼고 건물 벽을 오르는 주연 배우 톰 크루즈의 모습은 금방이라도 추락할 것처럼 위태로워 긴장감을 자아냈죠. 톰 크루즈는 촬영을 마치고 빌딩 맨 꼭대기 첨탑에 앉아 기념사진을 찍기도 했습니다.

톰 크루즈가 느낀 희열을 대리 만족하려면? 전망대에 올라야 합니다. 부르즈 할리파의 전망대는 163층 건물의 124~125층에 걸쳐 있어요. 롯데월드 타워의 맨 꼭대기와 같은 높이입니다. 전망대에 오르면 두바이가 한눈에 들어옵니다. 수평선과 빌딩 숲, 작은 집이 오밀조밀 모여 있는 풍경입니다. 시선을 조금 더 멀리 두면 온통 노란 사막입니다. 그도 그럴 것이 두바이는 사막에 조성된 도시거든요. 사막에 어떻게 이렇게 화려한 도시를 만들 생각을 했을까요?

사막 도시 두바이의 도시 브랜딩

아랍 에미리트의 수도는 아부다비입니다. 그런데 아부다비보다 두바이가 더 귀에 익습니다. 워낙 다양한 매체로 접한 탓입니다. 두바이가 세계적으로 널리 이름을 알린 것은 환경을 극복하려는 고도의 전략이 뒷받침한 결과입니다. 부르즈 할리파 전망대에서 굽어보는 화려한 사막의 도시는 공간에 숨은 이야기를 궁금하게 만듭니다. 두바이는 어떻게 지금과 같은 모습으로 성장했을까요?

그 비밀을 푸는 첫 번째 열쇠는 도시 브랜딩, 그러니까 지역 경쟁력을 높이는 일입니다. 널리 알려져 있거나 사람이 많이 찾는 지역은 그곳만의 매력이 있습니다. 차별점이 분명하다는 뜻이죠. 지역의 차별점은 결국 강렬한 이야기가 있을 때 생겨납니다. 문화적으로나 경제적으로 이야기가 다채롭다면 자연스럽게 눈길이 가게 마련입니다. 두바이가 그렇습니다. 두바이는 세계에서 가장 인구가 많은 도시도, 가장 오래된 역사 도시도, 가장 아름다운 도시도 아닙니다. 하지만 그 이름값은 독보적이에요. 그 매력의 출발점은 바로 사막입니다.

사막이 어떤 곳인가요? 낮에는 태양이 뜨겁고 밤은 추우며 비

부르즈 할리파와 주변의 전경. 세계 최고층으로서 오랜 시간 사랑받아 왔다. 높이만큼이나 건축 형태도 인상적인데, 위로 올라갈수록 좁아지는 계단식 설계로 바람의 저항을 효과적으로 분산시켰다. 또 다른 흥미로운 이야기는 일몰이다. 지상 1층에서 일몰을 본 후, 엘리베이터로 전망대에 가면 다시 일몰을 볼 수 있다. 부르즈 할리파가 워낙 높다 보니 가능한 이색 경험이다.

는 거의 오지 않는 곳! 생명체에겐 치명적인 환경 요소로 가득한 곳이죠. 두바이의 연평균 강수량은 100밀리미터 내외에 불과합니다. 그래서인지 전망대에서 내려다보이는 끝없는 사막의 도시는 비현실적인 느낌을 자아냅니다.

실은 두바이 말고도 사막 도시는 꽤 많습니다. 이집트의 카이로, 사우디아라비아의 메카, 이라크의 바그다드, 미국의 라스베이거스 등은 세계에 널리 알려진 사막 도시입니다. 이 도시들은 두바이처럼 공간이 간직한 이야기가 풍성해요. 이를테면 카이로와 바그다드는 서아시아 지역의 최대 도시로 고대 문명권에 얽힌 이야기가 풍부하고, 메카는 이슬람교의 성지라는 것만으로도 존재감이 상당하죠. 미국의 라스베이거스는 멀리 떨어진 콜로라도강을 막아 조성한 후버 댐에서 물을 가져와 보란 듯이 세계적인 사막 도시로 일군 예입니다. 사막처럼 불리한 지리적 조건은 잘만 이용하면 흉내 내기 힘든 차별화된 도시 브랜딩의 원천이 됩니다.

사막 도시 두바이의 본격적인 역사는 고대 로마 시대로 거슬러 오릅니다. 그 무렵부터 어선이 드나드는 무역항의 기능을 이어 왔거든요. 그럼에도 주변 도시에 견주면 그다지 존재감이 뛰어나진 않았어요. 하지만 19세기에 접어들면서부터 사정이 달라집니다. 그 결정적 계기는 이웃한 도시 아부다비에서 세력 다툼을 하던 알막툼 가문이 두바이로 옮겨 온 일이었어요. 이들은 두바이에 새 둥지를 틀어 왕조의 기틀을 다졌습니다.

당시 두바이의 경제를 책임지는 산업은 진주였습니다. 두바이 크리크(Dubai Creek)라는 천연 항만을 통해 진주를 채집하고 거래했죠. 하지만 1930년대 진주를 양식하는 방법이 개발되면서 핵심 산업에 치명타를 입습니다. 진주 무역항으로 입지를 다졌던 두바이는 급격한 경제적 쇠락을 맞이합니다. 역설적으로 이 러한 어려움을 보란 듯이 일으켜 세운 것도 진주입니다. 바로 '검은 진주' 석유예요.

1966년 석유가 발견되면서 두바이는 변곡점을 맞이합니다. 석유는 오늘날 세계를 떠받치는 강력한 에너지원이죠. 석유의 압도적인 이용 가치는 두바이가 위치한 페르시아만을 삽시간에 강대국의 이권 각축장으로 만들었어요. 페르시아만은 세계적인 석유 매장지이자 생산지거든요. 막대한 양의 석유가 드나드는 길목에 바로 두바이가 있습니다. 두바이가 성장 가도에 오른 건 이처럼 지리적 이점이 크게 작용한 결과예요.

지리적 이점을 극대화한 전략적 리더십

지도를 펼쳐 두바이의 위치를 보면 페르시아만에서 호르무즈 해협으로 나아가는 길목이라는 사실을 알 수 있습니다. 해협을 통과하면 이내 인도양과 만나고요. 두바이 국왕은 지리적 이점 을 활용하고자 대형 선박이 드나들 수 있는 항만을 조성했습니 다. 그러고는 자유 무역 지대를 선포했죠. 자유 무역 지대에서는 해외에서 온 투자자에게 세금 감면의 혜택을 주고 물건에 매기

두바이는 페르시아만에서 호르무즈 해협으로 나가는 길목에 있다. 이러한 지정학적 위치가 아니었다면, 두바이는 오늘날 화려한 사막 도시로 탈바꿈하기 힘들었을지 모른다. 사막이라는 기후 조건에 석유가 가득한 페르시아만이라는 지리적 조건은 지정학과 지경학적 강점이 돼 두바이의 미래를 이끈다.

는 세금(관세)을 낮춰 줍니다. 돈의 흐름에서 이런 혜택은 상당히 매력적인 조건입니다. 사막의 척박한 환경 조건을 확실한 이점으로 보상하려는 전략적인 사고였죠.

두바이의 차별화된 전략을 이끈 인물은 두바이 국왕이자 아랍 에미리트 부통령 겸 총리인 셰이크 무함마드 빈 라시드 알막툼입니다. 국왕의 직함이 긴 건 두바이가 아랍 에미리트에 속한 토후국이기 때문입니다. 아랍 에미리트는 일곱 개의 토후국으로 이루어졌고, 제1토호국이 아부다비 토후국입니다. 그래서 아랍 에미리트의 수도는 아부다비이고, 아부다비를 다스리는 국왕이 대통령이 됩니다. 자연스럽게 제2토후국 두바이의 국왕이 부통령 겸 총리의 지위를 갖습니다. 진주를 캐고 고기를 잡던 두바이는 그의 진두지휘 아래 하루가 다르게 성장해 나갔습니다.

셰이크 무함마드는 왕세자이던 시절부터 두바이를 세계적인 국가로 만들겠다는 원대한 포부가 있었습니다. 그는 가장 먼저 국제공항을 구상합니다. 두바이의 위치가 아시아와 유럽, 아프리카로 가는 비행기를 연결하기 좋은 장소라고 봤기 때문이죠. 1985년 두바이 국제공항을 지은 후 연이어 에미레이트 항공사를 설립합니다. 에미레이트 항공사는 두바이 정부의 전폭적인 지지하에 A380과 같은 최신 기종을 대량으로 확보하고 세계적인 수준의 기내 서비스를 갖췄습니다. 이후 성장을 거듭해 오늘날 세계적인 항공사로 발전했어요. 셰이크 무함마드는 사회 기반 시설이 잘 조성된 곳에 사람과 돈이 모인다고 믿었습니다. 멀리 내다본 그의 통찰력이 빛을 발했다고 볼 수 있겠네요.

셰이크 무함마드는 두바이의 국제적 위상에 마침표를 찍으려고 세계에서 가장 높은 건물을 구상합니다. 그 결실이 바로 부르즈 할리파입니다. 세계에서 가장 높은 빌딩은 자연스럽게 지구촌의 눈길을 끌었습니다. 이후 그는 앞서 언급한 자유 무역 지대를 만들고 구글이나 마이크로소프트, 오라클과 같은 굴지의 IT 기업을 유치해 인터넷 도시를 구축하는 데 심혈을 기울였습니다. 도시를 더욱 촘촘하고 세련되게 연결하고자 아라비아반도에서 최초로 지하철을 도입한 것도 그입니다. 그의 철학이 '불가능은 없다'라고 하니, 한 지도자의 비전과 열정이 국가를 어떻게 변화시킬 수 있는지 새삼 실감하게 됩니다.

두바이라는 브랜드를 빛내는 공간들

부르즈 할리파가 있는 지역은 두바이의 노른자위에 해당하는 도심입니다. 도심은 도시에서 가장 유동 인구가 많고 상업 시설이 발달한 공간이에요. 바로 곁에 붙은 두바이 몰은 세계 최대 규모의 쇼핑몰 중 하나입니다. 매장 수가 무려 1,200개에 달하고 1년에 1억 명 이상의 쇼핑객이 방문한다고 해요. 아쿠아리움과 수중 동물원, 아이스 링크 등도 사람들을 유혹하죠. 부르즈 할리파라는 세계적인 랜드마크가 바로 옆에 있으니 꿩 먹고 알 먹는 조합이겠어요.

멀지 않은 곳에 있는 이븐 바투타 몰도 이색적입니다. 2005년 개장한 이 쇼핑몰에는 약 300개의 매장이 입점해 있어요. 이븐

두바이 몰(위)과 팜 주메이라(아래)

바투타는 중세 시대에 아라비아반도는 물론 중앙과 서남 아시아 일대 등 방대한 지역을 다닌 뛰어난 탐험가입니다. 쇼핑몰은 그의 발자취를 기리는 뜻에서 중국·인도·페르시아·이집트·튀니지·안달루시아, 이렇게 여섯 개 구역으로 나뉘어 있습니다. 각 구역은 각기 다른 문화적 양식으로 장식돼 있고요. 이븐 바투타 몰 주변으로는 오페라 공연장, 놀이공원 등이 밀집해 있습니다. 도시의 중심지라는 느낌이 물씬 풍기죠?

전망대에서 바다로 시선을 돌리면 부챗살을 펼쳐 놓은 것처럼 생긴 섬이 보입니다. 바로 팜 주메이라입니다. 팜 주메이라는 사막에서 흙을 가져와 꾸준히 메워 만든 거대한 인공 섬입니다. 이곳에는 고급 주택과 대형 호텔 등이 들어서 있습니다. 비단 팜 주메이라만 있는 게 아닙니다. 인공 섬인 팜 제벨 알리, 두바이 아일랜드 등이 해안을 따라 나란히 조성돼 있습니다. 특히 세계 지도를 형상화한 '더 월드'가 눈길을 끕니다. 여러 국가가 직접 투자해 해안 섬을 이용하라는 취지로 세계 지도를 본 따 만들었다고 하네요.

호기심이 많은 사람이라면 어떻게 바다에 갖가지 모양의 땅을 만들 수 있었는지 궁금해할 것 같아요. 그건 페르시아만의 지리적 특징 때문입니다. 이쯤에서 잠시 22쪽의 지도를 다시 살펴봅시다. 페르시아만은 바다지만, 활짝 열린 모습이 아니에요. 페르시아만에서 좁은 호르무즈 해협을 통과해야만 비로소 넓은 인도양을 만날 수 있거든요. 나아가 페르시아만은 원래 퇴적물이 많이 쌓인 육지였어요. 그러다가 바닷물이 차오르면서 지금의 모습으로 바뀌었습니다. 그러니 수심이 비교적 얕을 수밖에 없겠죠? 팜 주메이라 인공 섬은 수심 10미터 내외의 얕은 바다에 토사를 가져다 조금씩 쌓아 만들 수 있었답니다.

두바이의 거침없는 도전

두바이의 멈추지 않는 도전은 뚜렷한 성과를 남겼습니다. 가장 도드라지는 건 사막에 일군 살고 싶은 도시라는 이미지입니다. 1960년 인구 약 4만 명, 건축 면적 약 3.2제곱킬로미터에 불과하던 어촌 마을 두바이는 2020년 인구 약 330만 명, 건축 면적 약 544제곱킬로미터의 도시로 탈바꿈했습니다. 공간에 대한 청사진을 꼼꼼하게 그리고 변화를 차근차근 일군 덕에 가능한 일이었죠.

두바이의 도전은 도시 기반 시설과 같은 하드웨어에만 머물지 않았습니다. 그에 못지않게 법령이나 정책 등과 같은 소프트웨어도 각별하게 주의를 기울여 왔거든요. 가장 눈에 띄는 건 세금 정책입니다. 두바이는 소득세와 상속세, 양도세를 걷지 않습니다. 우리나라만 하더라도 고액 연봉자는 많은 세금으로 골머리를 앓아요. 소득에 따라 세율이 달라지는데, 소득이 많을수록 세율이 급격히 오르거든요. 하지만 두바이는 그럴 염려가 없습니다. 그래서인지 세계 곳곳의 능력 있는 인재들이 두바이로 이주해 상대적으로 더 윤택한 삶을 추구하기도 합니다.

이러한 전략으로 인구를 흡수한 두바이는 어느새 외국인이 훨씬 많은 도시가 됐습니다. 글로벌 미디어 인사이트의 조사에 따르면, 2025년 기준으로 두바이 거주자 중 아랍 에미리트 국적을 갖지 않은 사람이 약 90퍼센트에 이른다고 해요. 두바이가 도시 브랜딩에 얼마나 노력을 기울이는지를 단적으로 보여 주는 지점입니다. 이처럼 두바이는 시나브로 차별화된 글로벌 도시로 자리매김했습니다.

두바이가 그리는 도시의 미래

2021년, 두바이는 2040 도시 마스터플랜을 제시했습니다. 핵심은 두바이의 성장이지만, 전제는 '지속 가능성'이에요. 지금까지 잘해 왔듯이 전략적으로 도시를 발전시키되, 녹지 공간을 획

기적으로 늘려 환경 측면에서도 지속 가능성을 강화하겠다는 게 골자입니다. 자연 보호 구역을 지정하고 보행자와 자전거 중심의 시설을 확충하는 모빌리티 개선이 성공적으로 정착된다면 두바이의 브랜드 가치는 더욱 높아질 거예요. 그러고 보니 제대로 된 도시 브랜딩은 성장 가능성을 열고, 그 가능성이 다시 중장기적인 도시 브랜딩의 씨앗이 되네요. 세계화 시대에 전략적인 도시 브랜딩이 필요한 이유입니다.

2040 도시 마스터플랜에 따르면, 두바이는 시민과 여행자 모두에게 잊지 못할 도시 경험을 주는 것을 최우선 과제로 삼습니다. 꽤 거창한 포부처럼 보이지만 허튼소리로 들리지는 않습니다. 이미 수십 년 동안 그 발전 가능성을 증명해 왔기 때문입니다. 이를 위해 두바이가 야심 차게 준비한 전략은 메트로폴리탄, 그러니까 기존의 시가지를 더욱 넓히고 더 많은 사람이 두바이에 머물 수 있게 몸집을 키우는 일입니다.

몸집을 키우려면 기존에 조성된 도심 지역과 해안 지역을 더욱 촘촘하게 연결해야 합니다. 도시 곳곳을 전동 보드와 같은 개인형 이동 장치(퍼스널 모빌리티)를 통해 오갈 수 있게 별도의 공간을 마련해야 해요. 몸집을 키우되 도시 곳곳이 모세 혈관처럼 세세히 연결된다면 사람 중심의 도시 환경을 구현할 수 있습니다. 두바이는 일반적인 생활 편의 시설은 걸어서 10분 이내에, 수요가 좀 더 적은 서비스 시설은 20분 이내에, 직장은 30분 이내에 접근할 수 있게 구조를 짰습니다. 도시를 통합하는 데 아주 적합한 전략이라 할 수 있죠.

사막의 도시 두바이는 녹지 공간을 대대적으로 늘리겠다는 카드도 꺼냈습니다. 사막에 녹지 공간을 만들려면 물을 얻는 게 핵심입니다. 현재 두바이의 상수도는 바닷물을 끓여 얻는 증류 방식을 취하고 있습니다. 이른바 해수 담수화 공장을 통해 물 자원을 확보하는 것이죠. 하지만 이 방식은 지속 가능하기 어렵습니다. 바닷물을 증류하는 데 필요한 에너지를 석유와 같은 화석 연료를 태우는 화력 발전에 의존해서예요.

녹색 도시를 과감하게 선포한 두바이는 2050년까지 신재생 에너지의 발전 비중을 75퍼센트까지 높이겠다고 발표했습니다. 가장 실효성이 큰 방법은 아무래도 태양광 발전입니다. 사막 지역은 대부분 태양광 발전에 최적화된 조건을 지닙니다. 태양 에너지를 활용해 민물을 얻고 그 물로 생활과 농업 용수를 공급한다면, 화력 발전에 의존할 때보다 훨씬 더 지속 가능한 모델이 될 수 있어요. 이쯤 되면 두바이를 화려하고 역동적인 혁신의 장으로 표현해도 무리가 없겠죠?

02

롯데월드 타워

대한민국 서울

공간에 얽힌
다층적 기억, 장소감

　이번에 살펴볼 곳은 여러분이 이미 방문해 봤을 수도 있어요. 바로 서울에 있는 롯데월드 타워(555m)입니다. 밤에 보면 더욱 화려하고 멋진 이 건물은 서울의 웬만한 곳에선 다 볼 수 있을 정도로 높아요. 여러분은 롯데월드 타워라고 하면 무엇이 가장 먼저 떠오르나요? 혹은 마음속에 어떤 감정이 샘솟나요?

　지리학에는 '장소감'이라는 개념이 있습니다. 장소감은 어느 장소에 대해 한 사람이 경험하는 감정을 뜻하는 용어예요. 어린 시절 친구와 뛰놀던 동네, 부모님과 함께 간 캠핑장, 학생 시절을 보낸 학교 등은 소중한 추억이 담긴 곳이고 특별한 장소감을 선물하는 공간입니다. 같은 동네라고 해도 사람마다 그곳을 어떻게 느끼는지는 다를 수 있어요.

　롯데월드 타워에서 내려다보는 잠실 일대도 마찬가지입니다. 시간이 흐르며 다양한 이야기가 켜켜이 쌓였죠. 이곳의 이야기를 추적할 수 있는 사료는 역사의 시계를 고대 삼국 시대까지 돌려 놓습니다. 천 년이 넘는 시간 동안 어떤 곳은 변한 게 거의 없지만, 잠실처럼 변화무쌍한 공간도 많아요. 강원도 산간의 숲과 잠실은 같은 면적이라도 그 안에 담긴 이야기의 밀도가 다를 수밖에 없겠죠? 전망대에 올라 잠실에 숨은 이야기를 복원해 봅시다. 그러면 지나간 기억을 단번에 불러들이는 장소의 힘을 느끼게 될 거예요.

삼국 시대를 소환하는 풍납토성

롯데월드 타워 전망대에서 강동구 방향으로 내려다보면 타원형 띠처럼 생긴 녹지 공간이 눈에 띕니다. 아파트와 다세대 주택이 빽빽이 들어선 공간을 포위하듯 둘러싼 이곳은 바로 풍납토성이에요. 풍납토성은 삼국 시대 백제의 수도였던 위례성의 왕성입니다. '바람이 잦아드는 동네'라는 뜻의 풍납동에 있는 '흙으로 지은 성'이라 풍납토성이라고 이름 지어졌어요.

삼국 시대에 왜 한강 변에 큰 성곽을 지었을까요? 성을 지었다는 건 당연히 방어의 목적이 컸을 테고, 강물이 천연 해자로 기능하니 충분히 성을 지을 만했을 테죠. 그럼에도 살짝 의구심이 드는 건 성을 한강 바로 곁에 지었다는 겁니다. 한강처럼 큰 강은 여름철 장마나 태풍이 오면 주변으로 물이 넘치는 일이 잦았을 거예요. 예나 지금이나 여름에 비가 많이 오는 한반도의 기후 패턴은 크게 다르지 않았거든요. 바로 이 대목에서 풍납토성의 공간적 특징을 읽을 수 있습니다. 바로 자연 제방이에요.

강변에 갔던 경험을 떠올려 보세요. 주변에 농경지가 있는 강변이라면 십중팔구 높게 올려 쌓은 둑이 보일 겁니다. 이를 제방이라고 불러요. 우리나라처럼 여름철 강수량이 많은 곳은 주기

서울 풍납동 토성(풍납토성)의 모습. 한강 변을 따라 타원형으로 설계된 토성은 당시로 선 웅장한 위용을 뽐냈다. 강 너머로 보이는 산은 아차산(287m)이며, 이곳에는 아차산 성이 있다. 풍납토성과 아차산성은 한강을 사이에 두고 마주한 핵심 요새였다. 이 일대 가 한성 백제 시절 상당히 중요한 전략적 요충지였음을 엿볼 수 있다.

오늘날 풍납토성은 낮은 둔덕처럼 보인다. 풍납토성 너머 높이 솟은 건물이 롯데월드 타워다.

적으로 물이 넘쳐흐르는데요. 그 과정에서 운반된 물질이 쌓여 제방이 많이 만들어집니다. 이를 '자연이 만든 제방'이라는 뜻으로 '자연 제방'이라고 부릅니다.

풍납토성은 최대 10미터 내외의 높은 성벽이 특징적입니다. 당시에 성벽을 이렇게 높게 올려 쌓을 수 있었던 까닭은 자연 제방이 튼튼한 주춧돌 역할을 해 줬기 때문입니다. 어지간한 물의 넘침은 막을 수 있는 조건이니 한강이라는 천연 방어막을 둔 풍납토성은 외적의 침입을 수월하게 막아 낼 수 있었을 테죠. 바로 이런 지리적 특징이 풍납토성의 장소감을 만드는 데 큰 역할을 했습니다. 무슨 뜻일까요?

롯데월드 타워에서 내려다보는 풍납토성은 마치 상처 입은 물고기처럼 보입니다. 풍납토성 안을 빼곡하게 메운 아파트와 다세대 주택은 이미 토성의 높이를 넘어선 터라 성곽의 흔적을 더욱 초라하게 만들죠.

이쯤에서 잠시 시간을 뒤로 돌려 백제 시대를 상상해 봅시다. 백제 사람들에게 풍납토성은 오늘날 우리가 롯데월드 타워를 바라볼 때와 비슷한 느낌을 안겨 주지 않았을까요? 웅장하고 큰 토성은 왕의 권위를 상징했으니까요. '아! 저 성안에 나랏님이 계시겠구나!' 하며 경외감을 품는 장소였을 거예요.

하지만 오늘날 여러분이 풍납토성에 간다면 이와는 정반대의 감정을 느낄 겁니다. 이게 과연 성인지 잔디가 깔린 언덕인지를 궁금해하면서 말이죠. 어떻게 보면 역사 공원 그 이상도 그 이하도 아니라는 감정에 그칠 확률도 높습니다.

이처럼 그때나 지금이나 같은 공간을 점유한 풍납토성이지만, 그 장소에서 느끼는 감정은 시대에 따라 얼마든지 달라질 수 있어요. 언젠가 풍납토성의 산책로를 거닌다면 옛 선조가 느꼈던 장소감을 상상해 보세요. 아마 장소감이 무엇인지 체험하는 좋은 경험이 될 거예요.

1988년 서울 올림픽 대회와 잠실의 장소감

1988년 서울 올림픽 대회는 우리나라가 처음으로 개최한 전 지구적 대회입니다. 올림픽은 빠른 경제 발전을 이룬 우리나라의 모습을 세계에 자랑할 좋은 기회였어요. 그때 서울에서 가장 주목받은 공간이 바로 잠실 일대입니다.

롯데월드 타워에서 여의도 방향을 바라보면 아파트 숲 사이로 서울종합운동장(흔히 잠실종합운동장이라 부른다)이 보이고, 반대편을 바라보면 올림픽 공원과 몽촌토성이 보입니다. 올림픽 공원 뒤를 병풍처럼 둘러싼 아파트는 올림픽 선수기자촌 아파트입니다. 아파트의 이름에서 이곳이 당시 올림픽을 치르려고 우리나라를 찾은 선수와 기자단이 머문 숙소였음을 미뤄 짐작할 수 있어요.

서울종합운동장에는 올림픽 개막식과 폐회식이 열린 올림픽 주경기장이 있고, 수영장과 실내 체육관 그리고 야구장이 있습니다. 서울종합운동장은 1988년 서울 올림픽 대회를 최종 목표로 1986년 아시아 경기 대회 등 크고 작은 세계 대회를 열려고 조성한 공간이죠.

맞은편의 올림픽 공원도 마찬가지입니다. 한국 체육의 산실 한국체육대학교를 중심으로 올림픽 사이클 경기장, 테니스 경기장, 승마장 등이 올림픽을 즈음해 들어섰죠. 특히 올림픽 공원 입구에 세워진 세계평화의문은 탁 트인 광장에 수많은 사람이 모일 수 있는 특별한 공간이 되고 있습니다. 세계평화의문을 지나 걸어 들어가면 야트막한 언덕의 숲을 만납니다. 바로 몽촌토성입니다. 몽촌토성은 풍납토성과 마찬가지로 백제 시대 궁궐이었습니다. 풍납토성이 한강 바로 곁에 높은 흙벽을 쌓아 만들었다면, 몽촌토성은 언덕인 땅의 모습을 그대로 활용한 공간이죠. 몽촌토성에서 발굴된 중국 유물은 당시 백제와 중국 남조 국가가 서로 교류했음을 알리는 중요한 자료입니다. 세계인의 축제인 올림픽을 위해 조성된 공원에 몽촌토성이 활용됐다는 점이

뒤쪽에 보이는 커다란 조형물이 세계평화의문이다. 건축계의 거장 김중업의 마지막 작품이다. 그는 한국의 전통미와 미래 지향적인 평화의 메시지를 담아 세계평화의문을 설계했다. 문의 양 날개는 동서양의 화합을 뜻하며, 날개에는 한국의 전통적 요소로 사신도를 그려 넣었다. 앞의 오른쪽 동상은 서울 올림픽 대회의 마스코트인 호돌이다.

특별하게 다가오네요.

잠실이라는 공간은 서울 올림픽 대회를 통해 한국인은 물론 세계인에게 독특한 장소가 됐습니다. 올림픽 덕에 '잠실은 곧 올림픽'이라는 공식이 성립할 수 있었어요. 지금도 잠실 일대에는 올림픽과 관련한 지명과 건축물, 백제 시대를 기억하는 박물관과 기념물이 많습니다. 서울 올림픽 대회를 가장 확실하게 기억하고 추억할 수 있는 곳은 누가 뭐래도 잠실입니다.

올림픽을 치르는 동안에는 사람들이 잠실을 어떤 장소로 느꼈을까요? 한국 전쟁을 경험한 세대라면 지독한 가난을 극복한 영광의 장소로 느꼈을 것 같아요. 이제 막 성인이 된 사람에게 잠실은 희망과 가능성의 공간으로 여겨졌을 테고, 어린이에게는 낯선 외국인이 머물며 치열하게 경기를 펼친 이색적인 공간으로 느껴졌을 겁니다. 당시 어린이가 부모를 졸라 치열하게 모았던 '호돌이' 학용품은 그 시절 잠실을 간접 경험하는 확실한 물증입니다.

잠실을 빛나게 만드는 롯데월드의 탄생

롯데월드 타워에서 바로 발아래를 내려다볼까요? 그러면 전국에서 손에 꼽는 놀이공원인 롯데월드를 한눈에 담을 수 있어요. 정확히 말하자면 롯데월드 어드벤처입니다. 1989년 개장한 롯데월드 어드벤처는 서울 올림픽 대회가 끝난 후에도 잠실 일대가 스포트라이트를 받게 한 일등 공신입니다. 서울은 물론 전국에서도 매우 유명한 놀이공원이자, 국내 유일의 실내 대형 놀이공원이라는 점은 롯데월드 어드벤처를 더욱 돋보이게 만들죠.

롯데월드 어드벤처의 탄생은 롯데 그룹이 땅을 사고 시설을

석촌호수가 정취를 더하는 롯데월드 타워와 롯데월드 어드벤처의 전경. 롯데월드 타워는 대형 쇼핑몰인 롯데월드 몰과 붙어 있다. 타워가 워낙 높아, 가까이 있는 서울공항을 이용하는 항공기와 충돌할 수 있다는 위험성이 제기된 바 있다. 이처럼 초대형 마천루는 도시 항공 교통에 영향을 미치는 요소이기도 하다. 롯데월드 타워는 2026년 기준 세계 5위의 초고층 건물이다.

지은 것에서 시작됐지만, 지금과 같이 석촌호수를 품은 거대한 부지를 만들 수 있었던 데는 지리적 특징도 크게 한몫했습니다. 넓고 평탄한 부지와 넓은 호수는 어떤 과정으로 탄생했을까요? 이 비밀을 밝히려면 잠실을 이야기할 때 결코 빼놓을 수 없는 을축년 대홍수를 알아야 합니다.

을축년 대홍수는 이름 그대로 1925년 을축년에 일어난 대홍수입니다. 7월 6일부터 20일까지, 그러니까 약 2주 동안에 1년 강수량의 80퍼센트가 집중적으로 내린 자연재해입니다. 당시 한강의 수위는 관측 이래 최고인 11.76미터(현 한강대교 기준)를 기록했죠. 을축년 대홍수는 잠실 일대에 몇 가지 흥미로운 흔적을 남겼습니다. 그중에서도 단연 주목할 건, 한강의 물줄기 변화예요.

잠실은 본디 잠실도라 불리는 섬이었습니다. 하천 중간에 떠 있는 섬이라는 뜻에서 '하중도(河中島)'라고 불러요. 하중도였던 잠실도는 사실 강북 지역과 더 가까웠습니다. 이를 강남에 가깝게 옮긴 게 바로 을축년 대홍수였어요.

을축년 대홍수라는 큰 사건은 모래섬을 지나는 물줄기의 흐름을 크게 바꿔 놓았습니다. 모래섬의 남쪽으로 크게 굽어 돌던 흐름을 북쪽으로 치우쳐 흐르게 만든 거예요. 한강은 그 여파로 43쪽의 왼쪽 지도와 같은 모양새가 되었습니다. 을축년 대홍수 이전엔 송파강의 물줄기가 탁월했다면, 이후엔 신천강의 존재감이 더욱 커졌다는 뜻입니다.

오른쪽 잠실 개발 후의 지도를 보면 옛 잠실도가 얼마나 컸는지 짐작할 수 있어요. 잠실 개발 전과 후의 지도를 비교하니, 송파강 일부가 석촌호수로 남았다는 것, 북쪽으로 크게 굽이치던 공간이 오늘날 학여울이 됐다는 것, 성내천의 물줄기가 변화를

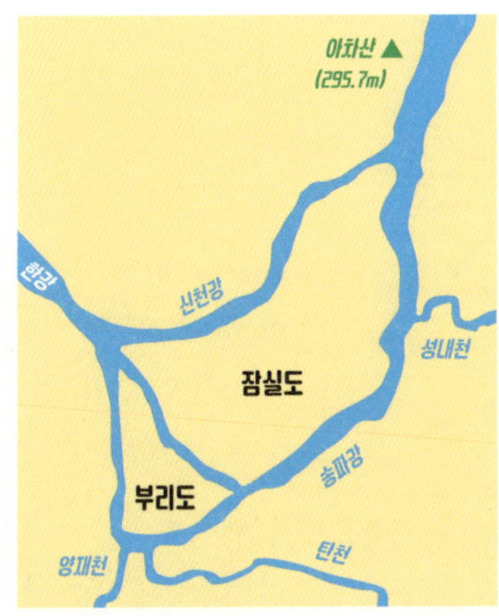

개발 전(1963년) 잠실

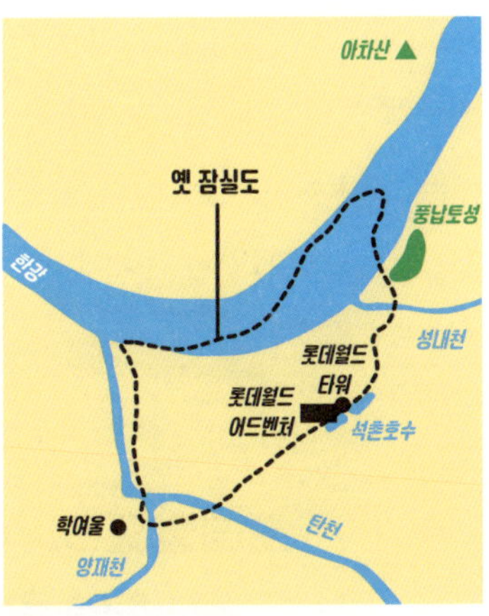

개발 후(2017년) 잠실

잠실 일대 개발 전과 후의 지도. 과거에는 한강의 폭이 지금보다 좁았음을 알 수 있다. 그 까닭은 곳곳에서 모여 쌓인 거대한 모래톱 때문이었다. 잠실 일대는 잠실도와 부리도로 나뉘어 있었지만, 정비 사업을 통해 지금과 같은 모습으로 변했다.

겪었다는 것 등의 공간 이야기가 새롭게 질서를 잡습니다.

잠실을 대표하는 롯데 그룹의 여러 랜드마크는 석촌호수와 기가 막힌 컬래버레이션을 이룹니다. 인문 환경과 자연환경의 조화라는 측면에서요. 롯데 그룹의 랜드마크는 크게 두 가지로 나뉘어요. 하나는 롯데월드 어드벤처, 다른 하나는 롯데월드 타워입니다. 지하철 8호선이 지나는 잠실 호수교를 기준으로, 왼쪽으로는 롯데월드 어드벤처가 있고 오른쪽으로는 롯데월드 타워가 있습니다. 각각은 석촌호수의 서쪽 그리고 동쪽 호수와 짝이 됩니다. 호수 주변으로는 올림픽 개최 시기 전후로 왕벚나무를 촘촘하게 심었어요. 그래서 일대는 봄이 되면 서울에서 손에 꼽는 꽃구경 명소가 됩니다. 인문 환경과 자연환경이 적절하게 호흡을 맞추니 정말 멋들어진 장소감을 주는 공간이 탄생한 셈이네요!

롯데월드 타워에서 생각하는 장소감의 의미

롯데월드 타워는 어느새 서울의 랜드마크 자리를 꿰찬 듯합니다. 이 타워가 만들어지기 전, 서울의 랜드마크하면 63빌딩이나 남산 타워를 떠올리는 사람이 많았어요. 랜드마크의 공통점은 주변보다 꽤 높아 쉽게 찾아볼 수 있다는 점이죠. 흥미로운 건 이 랜드마크들의 높이입니다. 63빌딩은 남산 타워와 높이가 비슷하고요, 남산에 남산 타워를 더한 높이가 롯데월드 타워의 높이와 얼추 비슷합니다.

떠오르는 신흥 랜드마크 롯데월드 타워는 그 존재만으로 색다른 장소감을 선사합니다. 가장 도드라지는 건 63빌딩 높이의 두 배가 넘는 건물의 수직성에 있어요. 마치 거대한 망루나 탑처럼 생긴 모양은 대작 영화 〈반지의 제왕〉 시리즈에 등장하는 사

롯데월드 타워와 서울의 야경

우론의 탑을 연상케 합니다. 사우론의 탑이 모르도르 제국의 위치를 알리는 이정표였다면, 롯데월드 타워는 서울 동남부 잠실 일대를 대표하는 이정표가 됩니다. 건물 하나만으로 대략적인 서울의 위치를 가늠할 수 있는 가늠자의 역할을 하죠.

롯데월드 타워의 전망대는 또 어떤가요? 세계 마천루 대부분이 그렇듯이 마치 비행기에서 내려다보는 듯한 관점을 제공합니다. 최근 드론 사진이 인기인 것도 날아가는 새의 관점에서 공간을 새롭게 바라보는 색다른 감각을 주기 때문이죠. 화려한 야간 조명이 시선을 잡아끄는 밤의 타워는 도심의 역동성과 자본의 힘을 느끼는 이색적인 장소감을 선물하기도 하겠어요.

옛날 사람은 높은 산, 아름답게 생긴 돌, 아름드리 나무, 종교 시설 등을 랜드마크로 삼아 방향을 잡고 공간을 조직해 나갔습니다. 누구나 들어도 알 수 있는 그곳엔 사람이 모였고, 그 덕에 도시가 빠르게 발달할 수 있었어요. 롯데월드 타워를 중심으로 자리한 놀이공원과 올림픽 관련 시설, 백제 시대의 역사 유적은 오랜 시간 이곳만의 특별한 장소감을 만들어 왔습니다. 누군가에게 '잠실'이라는 단어를 이야기하면 으레 롯데월드 타워, 롯데월드 놀이공원, 석촌호수, 올림픽 공원 등이 머릿속에서 떠오르는 까닭입니다. 그중 어떤 공간, 어떤 기억이 가장 먼저 떠오를지는 사람마다 다르겠죠.

이처럼 장소는 그곳을 경험한 사람에게 잊을 수 없는 장소감을 선물합니다. 혹시 여러분에게 잠실은 어떤 공간인가요? 혹은 가장 강렬한 장소감을 안겨 준 공간은 어디인가요?

03

월러스 타워

미국 시카고

시카고에서 배우는 도시 계획

미국에서 높은 빌딩이 가득한 도시라면 아마도 '뉴욕'을 가장 먼저 떠올릴 것 같아요. 하지만 초고층 빌딩이 탄생한 진짜 고향은 따로 있습니다. 바로 시카고예요. 시카고에 간다면 반드시 윌리스 타워(옛 시어스 타워)의 전망대에 올라 봐야 합니다. 함께 가 볼까요?

이곳 전망대는 스카이덱(Skydeck)이라 불리는데, 이름처럼 하늘에 갑판이 떠 있는 모양입니다. 높이 약 412미터로 미국에서 가장 높은 전망대예요. 게다가 바닥까지 통유리 소재라 이곳에서 아래를 내려다보려면 용기가 꽤 필요합니다. 하지만 딱 60초만 용기를 내면 됩니다. 전망대에 오르려는 사람이 워낙 많아 1인당 1분만 시간이 주어지니까요.

스카이덱에 올라서면 시카고의 전경이 파노라마처럼 펼쳐집니다. 이 풍경 속에는 오늘날 시카고의 도시 공간을 읽는 몇 가지 단서가 숨어 있습니다. 먼발치에 보이는 푸른 오대호(정확히는 미시간호), 고층 빌딩 숲을 둘러싼 수변 공간, 윌리스 타워에서부터 방사형으로 뻗은 도로 구조와 외곽으로 갈수록 점차 낮아지는 건물의 높이 등은 시카고라는 도시를 이해하는 핵심 단서입니다. 시카고는 어떻게 지금과 같은 모습을 갖췄을까요?

스카이덱에서 그리는
시카고의 지리적 밑그림

시카고는 뉴욕, 로스앤젤레스와 더불어 미국 3대 도시로 불립니다. 뉴욕이 동부, 로스앤젤레스가 서부의 최대 도시라면, 시카고는 중부를 대표하는 도시입니다. 세 도시를 지리적으로 살피면 흥미로운 질서가 잡힙니다. 로스앤젤레스는 거대한 로키산맥 서쪽에 있으면서 태평양에 면한 도시, 뉴욕은 뚜렷한 산줄기가 특징적인 애팔래치아산맥 동쪽에 있으면서 대서양에 면한 도시입니다. 시카고는 산맥이 아닌 미국 대평원에 있으면서 오대호에 면한 도시입니다. 이와 같은 지리적 특징은 도시의 탄생과 특성에 중요한 영향을 끼쳤습니다. 무슨 뜻일까요?

한 도시가 있다고 생각해 보세요. 만약 이 도시가 바다를 끼고 있다면 사람들은 바다에 나갈 생각을 했을 거예요. 높은 산지를 끼고 있다면 산지를 이용할 생각을 했을 거고, 넓은 평원에 있다면 마찬가지로 평원을 이용하려고 했을 겁니다. 좀 더 나아가 보면 바다가 넓은지 좁은지 혹은 깊은지 얕은지도 중요할 수 있어요. 산지라면 높은지 낮은지, 어떤 자원이 있는지가 중요하겠고요. 평원이라면 기후와 토양을 바탕으로 어떤 농사를 지을 수 있는지가 관건입니다. 이러한 생각이 바로 '지리적 사고'입니다.

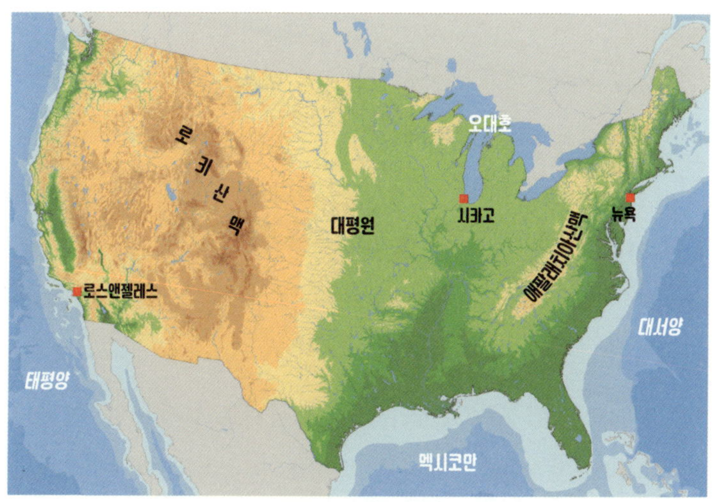

미국 3대 도시인 뉴욕과 로스앤젤레스, 시카고의 위치

로스앤젤레스, 시카고, 뉴욕은 그런 면에서 서로 다른 도시 발달의 과정을 겪어 왔어요. 로스앤젤레스는 태평양이라는 거대한 바다에 높고 험준한 로키산맥의 서쪽이라는 지리적 조건, 그리고 그 사이사이에 마련된 넓은 분지를 바탕으로 만들어진 도시입니다. 산지와 바다의 이점을 두루 취할 수 있는 조건인 셈이죠.

시카고는 어떤가요? 중부 대평원의 물산을 모을 수 있고, 오대호의 수운을 통해 대서양과 연결돼 지리적 이점이 큽니다. 내륙의 평원에서 물산을 더 많이 모을 수 있게 철도의 발달이 뒤

따랐죠.

　뉴욕을 살펴볼까요? 뉴욕의 배후를 받치는 든든한 애팔래치아산맥은 미국의 주요 석탄 산지로, 일대의 경제 성장을 이끌었습니다. 또한 뉴욕은 대서양이라는 커다란 바다에 더해, 허드슨강과 이리 운하를 통해 오대호와도 연결돼 있어요. 대서양으로 나갈 수 있다는 건, 유럽 대륙과의 소통이 원활하다는 뜻이기도 해요. 뉴욕은 유리한 지리적 조건에 배가 드나드는 항만까지 갖췄으니 자연스럽게 세계적인 금융 중심지로 성장할 수 있었어요. 지리적 밑그림을 그리니 도시를 한 걸음 더 가까이 이해해볼 수 있네요.

내륙을 바다와 연결한 오대호의 힘

　고개를 들어 저 멀리 푸른 오대호를 바라봅시다. 오대호는 미국과 캐나다의 국경을 이룹니다. 이름처럼 다섯 개의 커다란 호수가 내륙 깊숙한 곳에 있습니다. 이 호수들을 모두 합하면 세계에서 가장 넓은 민물 호수가 됩니다. 슈피리어호·미시간호·휴런호·이리호·온타리오호, 이렇게 다섯 호수의 물은 모두 연결돼 있어요. 물론 자연적으로 이어진 건 아닙니다. 수위 차이가

오대호 주변에는 미국과 캐나다의 주요 도시가 밀집해 있다. 뉴욕이라는 거대 도시의 탄생에는 인간이 놓은 물길인 이리 운하가 힘을 보탰다. 뉴욕은 이리 운하와 허드슨강을 통해 오대호와 연결된다. 오대호에서 대서양으로 나가는 세인트로렌스강 근처에 캐나다의 주요 도시가 열을 지어 발달한 것도 우연이 아니다.

큰 지역은 갑문을 놓거나 운하를 파고, 때론 자연적으로 형성된 강을 이용하면서 서로 연결됐죠. 그리고 1959년 세인트로렌스 수로가 완성되면서 호숫물은 온타리오호에서 흘러 나가는 세인트로렌스강을 따라 대서양과도 비로소 만나게 됐어요. 그러니 오대호는 곧 대서양과의 연결을 뜻합니다.

시야를 조금 더 확장해 봅시다. 오대호를 이용할 수 있는 도시는 이론적으로 대서양을 지나 유럽과 아프리카로 갈 수 있습니다. 특히 유럽이 가깝습니다. 17세기 초 종교의 박해를 피해 미국 땅을 밟은 영국의 청교도가 세인트로렌스강에서 멀지 않은 뉴잉글랜드 지방에 들어온 것도 지리적으로 보면 자연스러운 일입니다. 오대호나 세인트로렌스강에 인접한 대표적인 도시로는 미국의 시카고·밀워키·디트로이트·클리블랜드가 있고, 캐나다에는 토론토·오타와·몬트리올·퀘벡이 있어요. 모두 오늘날 미국과 캐나다에서 제법 이름난 대도시예요. 앞서 이야기했듯이 세인트로렌스 수로를 통해 오대호와 대서양은 온전히 연결됐습니다. 이를 기점으로 시카고에서 제법 큰 선박이 대서양으로 나갈 수 있는 물꼬가 트였죠.

흥미로운 사실은 시카고는 대서양으로만 나갈 수 있는 게 아니라는 점입니다. 시카고는 1848년 완공된 일리노이-미시간 운하를 통해 미시시피강과도 연결돼 있어요. 이는 곧 멕시코만과의 연결을 뜻합니다. 미시시피강은 미국 북부 미네소타주에서 출발해 멕시코만까지 흘러가거든요. 대서양을 통해 유럽으로 나갔다면, 멕시코만을 통해서는 중앙아메리카와 남아메리카를 만날 수 있어요. 한 걸음 더 나아가 파나마 운하를 통하면 바로 태평양에 갈 수도 있습니다. 시카고는 미국 내륙 깊숙한 곳에 있지만, 물길을 통한 확장성을 보자면 매우 뛰어난 입지를 자랑하는 셈입니다. 이는 시카고가 미국의 3대 도시 반열에 오른 결정적인 요인입니다. 그러고 보니 윌리스 타워에서 바라보는 미시간호의 진정한 의미는 시카고의 공간 확장이네요!

월리스 타워에서 주변을 둘러보면 높은 빌딩이 꽤 많습니다. 미시간호 주변을 따라 월리스 타워에 이어 트럼프 인터내셔널 호텔 앤드 타워, 마리나 타워, 존 행콕 센터 등 높이 300미터가 넘는 빌딩이 즐비합니다. 시카고는 높은 빌딩들이 연출하는 스카이라인(skyline)이 아름답기로 유명합니다. 뉴욕이나 홍콩, 두바이, 상하이처럼 말이죠.

시카고의 스카이라인이 만들어진 계기는 아이러니하게도 대규모 화재입니다. 1871년 시카고 대화재는 도시를 쑥대밭으로 만들었어요. 당시만 해도 건물은 대부분 목재로 지었습니다. 불에 취약할 수밖에 없었죠. 강한 바람도 불의 힘을 키웠습니다. 시카고는 넓디넓은 미시간호 때문에 바람이 강합니다. 호수에는 바람을 막을 장애물이 아무것도 없습니다. 강한 바람에 올라탄 불씨는 불화살처럼 도시 곳곳을 파고들었어요. 불난 집에 강력한 부채질이 더해지니 목재 건물은 당해 낼 재간이 없었습니다.

시카고 당국은 대화재를 반면교사로 삼았습니다. 이참에 도시 구조를 근본부터 싹 뜯어고치기로 마음먹고 대대적인 변화에 착수합니다. 가장 크게 메스를 댄 건 상업 공간이었어요. 상

호수처럼 잔잔한 미시간호와 하늘을 찌를 듯 솟은 마천루의 대비는 시카고라는 도시의 역동성을 더욱 부각한다. 사진 왼쪽에 두 개의 안테나가 솟은 높은 건물이 윌리스 타워다. 시카고 지역의 방송국은 이 안테나로 도시 너머까지 전파를 송출한다. 서울 관악산 꼭대기에 있는 송출 안테나와 역할이 비슷하다. 안테나까지 더하면 윌리스 타워의 높이는 527미터로 압도적이다. 이 안테나 덕에 항공기도 위험을 사전에 감지할 수 있다.

업 지구는 도시에서 사람이 가장 많이 모이는 공간입니다. 주변에서 오기 쉽게 교통 시설도 집중돼 있죠. 사람이 모이는 곳은 곧 돈이 모이는 곳입니다. 의료나 법률, 회계 등 동네에서는 받기 힘든 서비스를 이용하려고 찾는 곳이다 보니 지대(地代)가 높습니다. 지대는 땅을 빌리거나 빌려 줄 때 발생하는 비용을 말합니다. 지대가 높은 지역의 건물은 불에 타는 일이 없어야 했어요. 비용도 비용이지만, 이곳이 불에 타면 도시 기능 자체가 마

비될 수 있기 때문입니다. 목재의 한계를 보완할 철근 콘크리트
(철골) 건축이 도입된 이유입니다.

철골 건축물은 화재에 강합니다. 뼈대가 탄탄하니 건물을 높
게 지을 수 있음은 물론입니다. 가로세로로 철근을 놓고 볼트와
너트로 단단히 조이는 방식이라 규격화된 철강을 쌓아 올리기
만 하면 되니, 공사 기간도 단축됐습니다. 건축학적으로 창문을
크게 낼 수 있는 이점도 있었습니다. 단단한 철근은 유리의 무게
를 감당하고도 남았거든요. 당시 시카고에서 일어난 건축적 시
도는 오늘날의 고층 빌딩에도 똑같이 적용됩니다. 수백 미터에
달하는 건물을 물과 불에 약한 목재로 지을 수는 없는 노릇입니
다. 시카고에서 시작된 고층 빌딩 혁명은 뉴욕으로 그리고 세계
각지로 들불처럼 번져 나갔습니다.

시카고의 남다른 도로 구조

이번엔 전망대에서 시선을 조금 멀리 가져가 봅시다. 그러면
시원하게 뻗은 도로와 철로가 눈에 띕니다. 윌리스 타워를 기점
으로 지도를 넓히면 마치 폭죽을 쏜 것처럼 사방으로 도로가 뻗
는 모양새입니다. 가로세로로 정확하게 구획된 마디를 따라 사

방으로 뻗어 나가는 도로는 마치 도심에서 사방으로 거미줄을 쏜 것처럼 촘촘합니다.

이쯤에서 시카고라는 도시의 지리적 의미를 짚어 볼 필요가 있습니다. 시카고는 태평양에 면한 서부, 멕시코만에 면한 남부, 대서양에 면한 동부, 그리고 오대호를 아우르는 자리에 있습니다. 그래서 물자가 오가는 터미널과 같은 기능을 수행하기에 좋습니다. 지리적으로 주변에서 도달하기 쉬운 곳은 사람과 물자가 많이 모이는 지역으로 성장하게 마련입니다.

시카고는 오대호를 중심으로 대서양, 멕시코만과 같은 뱃길로만 통하는 게 아닙니다. 19세기 중반부터 미국 본토를 동서로 가르는 횡단 철도의 주요 기착지로 낙점됐죠. 서부 태평양과 동부 대서양을 잇는 철도 교통의 중심이 바로 시카고입니다. 시카고 유니언 역은 유서 깊은 시카고 철도 역사를 보여 주는 상징적인 장소입니다.

시카고의 주요 도로 또한 대화재 이후 대대적으로 변했습니다. 도시와 도시를 잇는 고속 도로가 건설됐고, 기존의 남루한 도로는 넓히거나 직선으로 바꿔 도심으로의 접근성을 높였습니다. 철도에 도로가 더해지니 그야말로 사통팔달 교통의 요지가 됐습니다. 오늘날 미국 도로에 붙이는 스트리트(street), 애비뉴(avenue), 불바르(boulevard)라는 표현도 이때 생겨났습니다. 스트리

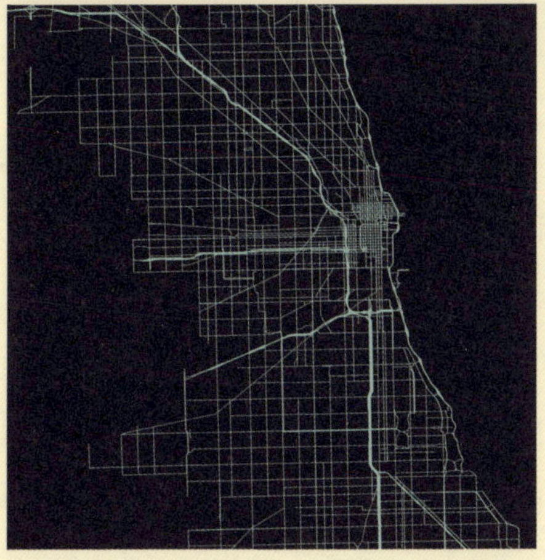

시카고의 항공 사진(위)과 도시 도로망(아래). 항공 사진으로는 끝없이 펼쳐진 시카고의 도시 구조를 볼 수 있다. 격자형 도시 구조를 더욱 명확히 드러내는 건 도로망 자료다. 미시간호에 인접한 도심을 중심으로 체계적으로 나뉜 도로망은 오늘날 서울 강남 일대에도 고스란히 이식돼 있다.

트는 동서 방향으로 시가지를 잇는 도로, 애비뉴는 남북 방향으로 시가지를 잇는 도로, 불바르는 도시와 도시를 잇는, 중앙 분리대가 있는 넓은 도로를 뜻합니다. 시카고는 미국 교통의 요지답게 다양한 도시 계획의 방법, 도로망 설계, 건축적 변화가 시도된 현대 도시의 모범과도 같았습니다. 시카고를 '가장 미국다운 도시'라고 말하는 데는 그만한 이유가 있는 셈입니다.

윌리스 타워에서 생각하는 도시 이론

윌리스 타워가 있는 곳은 시카고의 핵심 상업 지구입니다. 지리학에서는 이러한 지역을 도심이라고 합니다. 정부 기관과 다국적 기업의 본사, 고급 호텔, 금융 기업이 밀집해 있고, 최근에는 시대의 흐름을 반영해 주요 첨단 기업도 들어서고 있습니다. 일대는 '루프(The Loop)'라는 별명이 있습니다. 시카고가 철도 거점으로 성장하는 과정에서 철로가 고리(loop) 모양으로 한 바퀴 도는 구간이 생겨났는데, 이러한 고가 철도의 모양에서 비롯한 이름입니다. 앞서 이야기했듯이 현대 빌딩 숲의 원형이 태동한 곳이 바로 이곳입니다.

더 루프는 지리적으로도 꽤 의미 있는 공간입니다. 지리학에

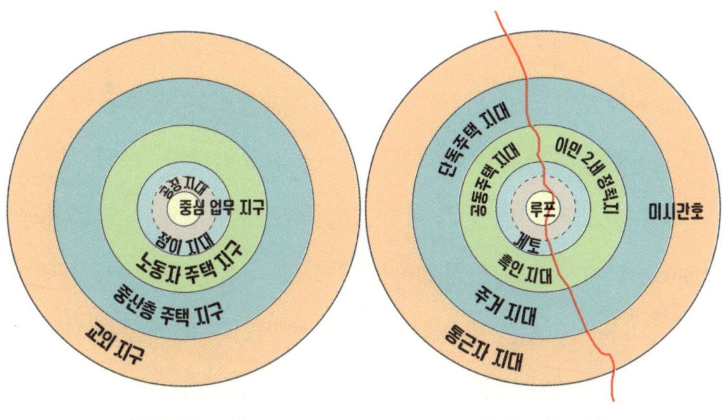

동심원 이론 모델　　　시카고의 도시 구조

동심원 이론은 시카고 대학교의 도시 사회학자 버제스가 창안했다. 그는 시카고의 도심인 루프로부터 바깥으로 갈수록 공간 이용 패턴에 변화가 나타난다고 봤다. 오른쪽 그림의 빨간색 선이 미시간호와 만나는 호안선이다. 도시를 직관적으로 이해하는 데 큰 도움을 주지만, 도시를 지나치게 단순화했다는 점이 한계로 남는다. 도시는 살아 있는 유기체처럼 어떻게 변할지 알 수 없지만, 확실한 것은 그 성장의 양상에 자연환경 조건이 영향을 미친다는 점이다.

는 도시 내부 구조 이론이 있습니다. 통계학이 나날이 발전하던 시절, 지리학자를 비롯한 사회과학자들은 도시 내부에도 어떤 법칙이 있을 거라고 봤습니다. 그들은 여러 통계를 바탕으로 도시 내부 구조의 법칙을 크게 세 가지로 정리했어요. 그중 시카고와 밀접한 관련이 있는 게 바로 동심원 이론입니다.

시카고를 동심원 이론에 따라 분석해 봅시다. 루프가 도시의 노른자위에 해당하는 도심, 그 주변으로 도시 노동자의 거주지가 있고, 조금 더 벗어나면 소득이 높은 중산층이 사는 구조입니다. 중산층이 도심과 가까이 살지 않는 것은 출퇴근이 가능한 교통 인프라가 충분히 발달했다는 징표입니다. 특히 자동차의 발달은 교외 지역을 도심과 기능적으로 연결하는 일등 공신이었죠. 신기하게도 시카고라는 도시가 동심원 이론에 꼭 맞아떨어지네요. 사실은 이 이론이 실제 1920년대 시카고를 배경으로 연구된 것이기 때문이에요. 그런 면에서 시카고는 도시를 살아 있는 유기체로 본 최초의 사고 실험의 장이라 말할 수 있겠어요.

윌리스 타워에서 바라본 시카고의 이모저모

시카고의 주된 관문은 오헤어 국제공항입니다. 미국에서 가장 연결성이 좋은 공항이에요. 이곳에서 전 세계 약 250개 목적지로 직항 노선이 운항되며 하루 평균 약 2,500회 운항할 정도입니다. 오헤어 국제공항의 이용률이 높은 것은 앞서 살펴본 바와 같이 시카고의 지리적 위치가 절묘해서입니다. 오헤어 국제공항을 핵심 허브 공항으로 이용하는 항공사는 미국의 유나이티드 항공입니다. 그 본사가 윌리스 타워에 있어요.

시카고의 명물인 클라우드 게이트

　　루프 지역의 여러 빌딩 중에서도 시카고 상품 거래소는 뜻깊은 건물입니다. 1848년부터 이어져 온 오랜 역사를 간직한 이곳은 과거에 곡물과 육류를 거래하는 핵심 공간이었습니다. 오늘날에는 품목을 다양화해 여러 상품을 거래합니다. 일대에는 흥미로운 조형물인 클라우드 게이트가 사람들의 발길을 잡아끕니다. 반짝이는 겉면으로 다양한 형태로 왜곡된 피사체를 볼 수 있습니다. 이 조형물의 별명은 '콩(The Bean)'입니다. 시카고와 콩은 왠지 잘 어울리는 느낌입니다. 이곳이 세계 곡물 거래의 메카이기 때문이죠.

월리스 타워에서 주변을 둘러보다 보면 옥수수처럼 생긴 쌍둥이 빌딩이 눈에 띕니다. 마리나 시티입니다. 별명은 ‘옥수수 빌딩’입니다. 이 빌딩은 쓰임도 특이합니다. 저층은 내부가 훤히 들여다보이는 주차장이고 그 위로 약간의 상업 시설과 더불어 주거 시설이 주를 이룹니다. 빌딩 아래로 흐르는 강에는 요트를 묶어 둘 수 있는 마리나도 있습니다. 그래서 이름이 마리나 시티예요. 옥수수 빌딩에 자꾸 눈길이 가는 이유는 시카고가 옥수수와 밀접한 관련이 있기 때문입니다.

시카고가 속한 일리노이주는 미국 최대의 옥수수 생산지입니다. 일리노이주 일대의 옥수수 생산 지대를 ‘콘 벨트(Corn Belt)’라고 부릅니다. 이곳에선 1850년대 이후 옥수수를 꾸준히 생산해요. 미국은 세계에서 옥수수를 가장 많이 생산하는 나라입니다. 옥수수는 인간의 식량 작물이기도 하지만 가축 사료로도 인기입니다. 사통팔달의 시카고는 콘 벨트의 옥수수를 모아 미국 각지와 세계로 보내는 중간 거점으로 기능해 왔습니다. 내륙의 도시 시카고가 미국의 대도시로 성장할 수 있었던 요인 중 하나입니다.

월리스 타워에서 내려다보는 시카고는 도시 경관이 유려합니다. 빌딩 숲이 풍기는 강력한 자본의 기운과 넓은 미시간호가 연

옥수수처럼 생겨 '옥수수 빌딩'이라는 별명을 지닌 마리나 시티

출하는 고즈넉한 분위기는 묘하게 어울립니다. 빌딩 숲 사이를 지나는 강과 운하를 따라서 수변 공간 역시 잘 정돈돼 있어 아름다운 분위기를 연출하죠. 시카고는 '바람의 도시', '곡물과 금융의 도시'라는 별명이 있습니다. 지리적으로 꽤 잘 어울리는 별명이라는 점을 이제는 알 수 있겠죠?

04

포인 파나마

세계 물류의 지름길, 운하 속 지경학

우리가 탄 비행기는 이제 막 토쿠멘 국제공항을 향해 서서히 고도를 낮추고 있습니다. 바로 지금! 창문 밖을 내다보세요. 푸른 바다 옆으로 화려한 빌딩 숲이 한가득 펼쳐지죠? 이번 여행지인 파나마의 수도, 파나마 시티입니다.

이 도시에서 가장 높은 빌딩은 JW 메리어트 파나마(284m)입니다. 옛 이름은 트럼프 오션 클럽이에요. 여기서 '트럼프'는 미국의 제45·47대 대통령인 도널드 트럼프가 맞습니다. 그는 대통령이기 이전에 세계적으로 유명한 부동산 재벌이었어요. 그런 그가 파나마에 관심을 가졌다는 건 이곳이 그만큼 투자 가치가 높다는 뜻이겠죠.

화려한 파나마 시티를 감상하기 제격인 곳은 포인 파나마 빌딩(183m)의 유리 전망대예요. 사방이 탁 트인 유리 벽으로 만들어져 위에 올라서면 마치 허공에 떠 있는 것처럼 느껴지죠. 용기 내 전망대로 들어가면 푸른 바다와 하늘, 해변의 빌딩 숲을 배경으로 인생에 남을 기념사진을 찍을 수 있습니다.

자, 다 찍었나요? 그럼 이제 주변을 둘러보면서 파나마 시티라는 공간의 비밀을 풀어 봅시다. 파나마 시티는 어떻게 화려한 고층 빌딩 숲을 갖게 됐을까요? 우선 파나마 시티의 옛이야기로 공간의 기억을 되살리는 게 좋겠습니다.

전망대에서 상상하는
도시의 역사

전망대 앞 탁 트인 바다는 태평양입니다. 바다가 하늘과 맞닿은 수평선 아래로 배들이 분주히 오갑니다. 파나마 시티는 다른 모든 도시가 그렇듯이, 그 시작은 작고 아담했습니다. 이곳에 처음 도시의 기틀을 닦은 이는 에스파냐의 정복자 페드라리아스입니다. 때는 1519년입니다. 그는 정착지의 이름을 파나마 비에호라 짓고, 유럽의 격자형 도시 계획을 들였습니다. 이곳은 이후 해적이 불태웠지만, 근처에 새로이 세워진 카스코 비에호라는 도시에서 유럽식 도시 계획과 건축 양식은 명맥을 이어 나갑니다. 파나마 비에호 일대는 아메리카 대륙의 태평양 연안에 세워진 최초의 유럽 도시로, 유네스코 세계 유산으로 등재돼 있어요.

당시 파나마 비에호는 페루를 탐험하고 정복하기 위한 교두보의 기능을 맡았습니다. 식민지를 빠르게 확장하려면 본국의 군대와 무기 등을 일선에 배치하는 일이 중요했습니다. 거점지를 잡고 영토를 차근차근 넓히는 것은 대다수 서구 열강이 취한 식민지 정복 방식이기도 합니다. 파나마 비에호는 태평양 연안에서 대서양에 면한 에스파냐 본국으로 돌아가는 거점이었어요. 에스파냐의 식민 초기 시절, 남아메리카에는 금과 은이 많았습니다. 이를 본국으로 옮기는 과정에서 파나마 비에호의 지경학적 조건이 빛을 발했습니다. 그건 좁은 육지, 다시 말해 지협(地峽)의 이점이었습니다.

파나마 지협은 크게 보면 태평양과 대서양, 좁게 보면 태평양과 카리브해 사이의 좁고 긴 땅입니다. 북아메리카와 남아메리카는 사실 바다를 사이에 둔 별개의 대륙이었습니다. 그러던 중 두 대륙 사이에서 격렬한 지각 운동이 일어났어요. 화산이 폭발하고 땅이 들어 올려지는 과정을 거치면서 지금과 같은 육교 형태의 지협이 만들어졌습니다. 바다의 관점으로 보자면 거대한 태평양과 대서양이 단절된 셈이죠.

앞선 이야기를 정리하니 금과 은의 이동 경로가 그려집니다. 페루에서 배에 실어 파나마 비에호로 들여온 수탈 자원은, 다시 좁은 지협을 가로질러 반대편 카리브해 연안으로 옮겨집니다. 여기서 배편으로 대서양을 건너 에스파냐로 가는 구조입니다. 이쯤에서 생각할 게 있습니다. 그건 '지협의 육로를 아예 뱃길로 통하게 만들 수는 없을까'라는 물음입니다. 그게 가능하다면 배에서 내리고 싣는 두 번의 과정과 육로를 통해 이동하는 과정이 모두 사라질 테니까요.

에스파냐가 파나마 지협에 발을 들인 후부터 줄곧 이 문제를

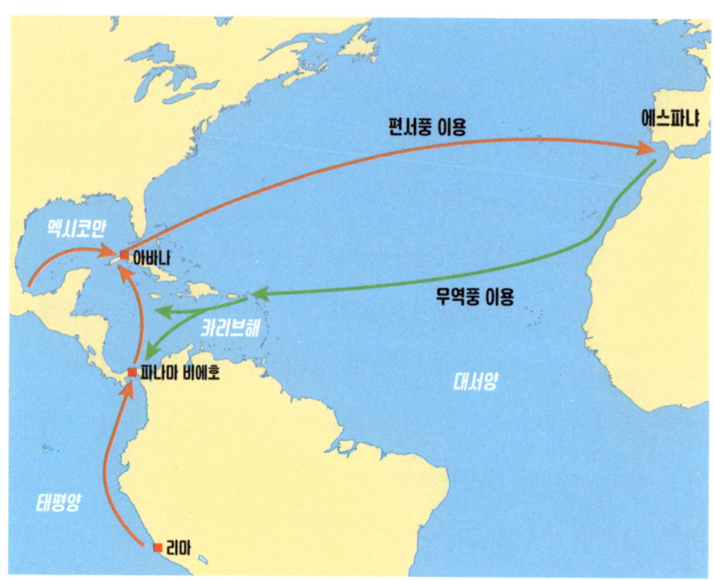

에스파냐의 함대는 꾸준히 카리브해를 오갔다. 은(銀)은 페루의 리마에서 파나마로 옮겨졌다. 편서풍을 이용해 에스파냐 본국으로 돌아가려면 오늘날 쿠바의 아바나 일대까지 배로 이동한 후, 식량과 물자를 재정비해 본국으로 출발해야 했다. 당시 에스파냐는 어떻게 해서든 신대륙에서 많은 양의 은을 모국으로 가져가려 했다.

고민한 이유는 그만큼 이 지협의 폭이 좁기 때문입니다. 태평양과 대서양을 가르는 가느다란 땅은 존재만으로도 큰 도전욕을 불러일으켰어요.

오늘날의 파나마 시티를 만든
파나마 운하

상상은 현실이 됐습니다. 1914년 지협은 마침내 뱃길이 됐습니다. 몇 개의 자연 호수와 인공 수로를 연결한 덕입니다. 태평양과 대서양을 연결한 것은 가히 혁명적이었습니다. 물건을 사는 나라나 파는 나라나 시간과 거리 면에서 큰 이점이 생겼습니다. 세계 물류 흐름은 더욱 빨라졌고, 파나마 운하 일대는 '뜨거운 감자'가 됐습니다. 그도 그럴 게 이 운하가 없다면 남아메리카 남단을 돌아야만 하거든요.

전망대에서 보는 파나마 운하는 고요합니다. 규격화된 수로에 맞춰 천천히 이동하는 배는 크기가 압도적입니다. 컨테이너선도 여러 종류가 있는데, 파나마 운하는 세계 최대 규모의 배도 통항할 수 있습니다. 배에 차곡차곡 쌓인 컨테이너는 세계 각지로 운반되는 다양한 물품을 실을 테죠. 파나마 운하청에 따르면, 파나마 운하는 세계 약 170개국, 1,900여 개의 항만과 연결돼 있으며(2026년 기준), 세계 교역량의 약 5퍼센트 물량이 지나는 물류 핵심지입니다.

파나마 운하가 만들어진 과정은 꽤 극적입니다. 구상 단계에 머물던 일은 1880년 프랑스가 처음 실천에 옮깁니다. 하지만 적

대서양에서 진입한 배는 파나마 운하를 통과해 태평양으로 나아간다. 길이 약 82킬로미터의 인공 수로인 파나마 운하는 세계 교역량의 약 5~6퍼센트를 담당한다. 다만 파나마 운하는 가뭄이 들면 운항에 차질이 생긴다. 자연적인 바닷길이 아니다 보니 수위 조절이 만만치 않다. 기후 변화로 가뭄이 길어지는 극단적인 이상 기후가 반복되면 파나마 운하를 사용하는 것은 더욱 어려워질 수 있다. 이는 지경학적 위험으로 이어질 가능성이 높다.

도와 가까운 환경 조건이 발목을 잡았습니다. 말라리아나 황열병 같은 열대성 질병과 잦은 비로 무너져 내리는 토사가 문제였죠. 좌초된 계획을 다시 일으켜 세운 건 미국입니다. 미국은 20세기 초부터 급격히 늘어나는 해상 물류의 중요성을 간파했습니다. 결국 미국이 파나마 운하를 완공하면서 1914년 정식 개통한 운하는 미국이 소유권을 가졌습니다. 이후 여러 우여곡절 끝에 파나마 정부는 2000년 1월 1일을 기점으로 파나마 운하에

포인 파나마 전망대에서 해변을 바라보면 빌딩 숲이 선사하는 매력적인 스카이라인을 만난다. 파나마 시티는 '라틴 아메리카의 두바이'라는 별명이 있다. 그만큼 화려한 스카이라인을 자랑한다. 자세히 보면 직사각형 건물만 있는 것이 아니라 그 모양이 다채롭다.

대한 소유권을 행사할 수 있었습니다.

파나마 운하의 간략한 역사를 살펴보니, 파나마 시티 고층 빌딩 숲의 윤곽이 잡힙니다. 황금알을 낳는 거위 파나마 운하를 갖게 된 파나마는 막대한 통행료로 국가 재정을 뒷받침할 수 있었습니다. 수도 파나마 시티의 성장이 본격화한 것도 이 시점부터입니다. 세계의 무역선이 드나드는 곳이니, 그를 위한 맞춤형 서비스가 필요해졌죠. 다양한 상업 시설과 금융 기관, 다국적 기업, 숙박 시설이 들어서고 자연스럽게 돈이 돌면서 스카이라인이 변화해 갔습니다. 초고층 빌딩 숲은 그에 따른 자연스러운 부산물이었습니다. 면적은 한반도의 3분의 1 수준이고, 인구는 460만 명이 채 되지 않는 파나마가 세계적인 인지도를 자랑하는 건, 다름 아닌 파나마 운하 덕이라고 말할 수 있습니다.

파나마 운하의 지경학적 가치

지경학(地經學)이라는 용어가 있습니다. 문자 그대로 지리적 조건이 경제에 미치는 영향을 연구하는 학문이에요. 지리와 경제는 뚜렷한 연결 고리가 없어 보이지만, 모든 경제 활동이 땅 위에서 이뤄진다는 점을 생각하면 의문은 쉽게 풀리죠. 지리적 조건이 좋으면 그만큼 돈이 모일 수 있고, 그 덕에 세계적으로 힘을 가진 장소로 거듭날 수 있습니다. 국가든지 도시든지 간에 지경학적 조건은 세계 경제가 국경을 넘어 자유롭게 연결되고 통합돼 가는 오늘날 매우 중요합니다.

앞서 살펴봤듯이 파나마 운하의 지경학적 조건은 아주 독보적입니다. 그런데 우리가 사는 아시아 대륙에도 파나마 시티에 버금가는 도시가 있어요. 바로 싱가포르입니다. 싱가포르는 세계적으로 유명한 해협을 끼고 있습니다. 지협이 좁은 육지의 길이라면, 해협은 좁은 바다의 길입니다. 지구에는 자연적으로 만들어진 좁은 바닷길이 여럿 있어요. 가장 대표적인 곳이 믈라카 해협입니다. 믈라카 해협은 말레이반도와 인도네시아의 수마트라섬을 가릅니다. 파나마 지협이 과거 바다였던 곳이라면, 믈라카 해협은 옛 육지가 바다가 된 경우입니다. 이 믈라카 해협의 끝자락에 싱가포르가 있습니다.

싱가포르는 나라가 곧 도시입니다. 이를 도시 국가라고 불러요. 싱가포르는 약 600만 명이 모여 사는 작지만 강한 나라입니다. 국가가 공식적으로 인정한 언어만 해도 영어, 표준 중국어, 말레이어, 타밀어 이렇게 네 개입니다. 언어 다양성은 그 나라의 인구 다양성을 보여 주는 척도예요. 적도와 가까워 일 년 내내 기온이 높고 습한 기후의 이 작은 도시 국가는 세계적으로 인지도가 높습니다. 이는 파나마 시티와 비슷한 공간의 맥락에서 비롯한 결과입니다.

두 도시는 공간을 연결하는 곳이라는 점에서 닮은 면이 많습니다. 파나마 시티가 대륙과 대양의 십자로인 것처럼, 믈라카 해협도 땅과 바다를 연결합니다. 믈라카 해협은 인도양과 남중국해를 연결하고 유럽과 아프리카와 아시아 대륙을 잇습니다. 싱가포르와 파나마 시티 모두 오늘날 해상 무역의 관점에서 매우

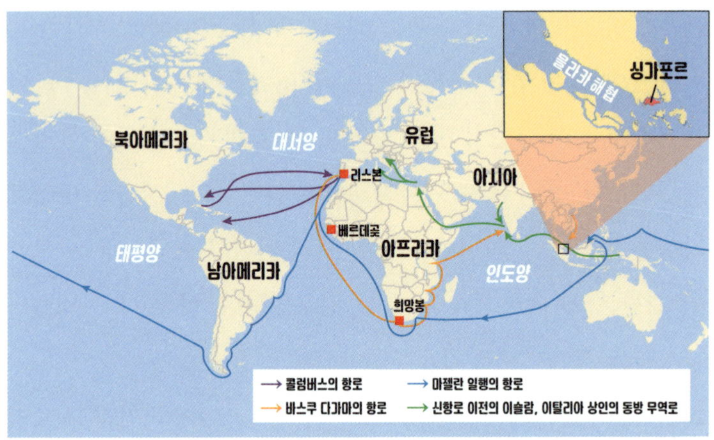

대항해 시대의 주요 항로와 믈라카 해협의 위치

중요한 길목입니다만, 세계사적 관점에선 사실 싱가포르의 존재감이 월등히 앞섭니다. 그건 싱가포르가 대항해 시대부터 21세기 해상 물류의 시대까지 줄곧 무역의 허브로 기능했기 때문이에요. 동양과 서양을 잇는 바닷길의 핵심 요충지니 싱가포르가 어째서 잘사는 나라인지 짐작할 수 있겠어요.

싱가포르에는 고층 빌딩 숲이 조성돼 있습니다. '다운타운 코어'라 불리는 핵심 지역에 가면 마치 파나마 시티를 옮겨 놓은 것 같은 경관적 데자뷔를 느낄 수 있습니다. 특히 항만 근처의 마리나 베이 일대는 독특한 건축물로 유명합니다. 가장 유명한 건물은 5성급 호텔 마리나 베이 샌즈입니다. 200미터에 달하는

싱가포르의 상징적 건물인 마리나 베이 샌즈는 55층 건물 세 개가 어우러져 있다. 배 모양의 스카이 파크를 지붕으로 얹어 마천루 건축 역사에서 독특한 존재감을 지닌다. 스카이 파크에 마련된 대형 수영장은 하늘 위에서 수영하는 기분을 선사한다. 이 건축물은 누가 시공했을까? 우리나라의 쌍용건설이다.

고층 빌딩 세 동 위에 배 모양의 수영장이 얹혀 있습니다. 호텔과 리조트, 카지노, 컨벤션을 한데 아우르는 시설은 싱가포르가 세계 여러 나라의 사람과 물자가 모이는 서비스 중심의 도시라는 사실을 알립니다. 파나마 시티와 싱가포르를 닮은꼴 도시라 불러도 손색없는 이유입니다.

랜드마크로 보는 파나마 시티

파나마 시티의 빌딩 중 유달리 눈에 띄는 건 F&F 타워입니다. 모양이 마치 나사처럼 생겼습니다. 이처럼 독특한 기하학적 모양의 건물이 만들어졌다는 것은 파나마 시티에 그만큼 많은 돈이 흐른다는 뜻입니다. 건축가가 실험적인 건물을 만들려면 무엇보다 설계를 의뢰한 사람이 돈이 많아야 합니다. 의뢰인의 욕구를 충분히 살리면서도 눈에 띄는 랜드마크가 되려면 아무래도 기존의 틀을 벗어나는 쪽이 매력적인 선택지일 거예요. F&F 타워는 보는 사람의 시선을 단박에 잡아끕니다. 이 건물은 각 층의 테라스가 서로 조금씩 비틀리며 나선형으로 올라가는 형식입니다. 결과적으로는 360도를 회전한다고 해요. 높이도 243미터로 꽤 높습니다. 이 빌딩의 별명은 엘 토르니요(El Tornillo)입니다. 에스파냐어로 '나사'라는 뜻이죠.

F&F 타워를 보니 중국 상하이의 상하이 타워(632m)가 생각납니다. 원통형을 겹겹이 쌓은 모양으로 1층부터 꼭대기인 121층까지 360도 가까이 비틀려 올라갑니다. 용이 하늘로 오르는 모습을 형상화했다고 해요. 화려한 고층 빌딩의 메카 두바이에도 비슷한 건축물이 있습니다. 바로 카얀 타워(옛 인피니티 타워)입니

나사 모양의 F&F 타워

상하이 타워(왼쪽)와 카얀 타워(오른쪽)

다. 저층부터 고층까지 약 90도를 회전하며 올라가는 이 건물의 독특한 형태는 단순히 디자인적 요소가 아니라 바람과 지진을 고려한 설계에서 비롯합니다. 이쯤 되니 나선형 건물이 최근 세계에서 주목받는 건축 디자인처럼 보이는데요. 파나마 시티가 건축 트렌드의 단면을 읽을 수 있을 정도로 성장했음을 알 수 있습니다.

지금이야 F&F 타워가 파나마 시티의 화려한 랜드마크로 기능하지만 예전엔 달랐습니다. 에스파냐가 도시를 확장하던 시기에는 중세 유럽의 영향을 받아 성당이 그 기능을 담당했어요. 파나마 대성당의 종탑에 오르면 시가지를 한눈에 바라볼 수 있었습니다. 이후 20세기 초 미국의 영향으로 세워진 4층 건물이 그 지위를 이어받았고, 2000년부터 본격적으로 오늘날과 같은 빌딩 숲으로 변모했습니다. 이처럼 랜드마크의 이력을 살피는 것은 그 도시의 역사를 들추는 일과 같습니다.

국가 경제의 핵, 파나마 시티

세계적인 운하의 도시라는 브랜드의 힘과 좁은 지역에 빼곡하게 들어찬 고층 빌딩 숲은 파나마의 경제를 대변하는 아이콘과 같습니다. 파나마는 최근 산업의 체질을 바꾸려고 노력하고 있습니다. 운하 통행료라는 든든한 수입원이 있지만 그것만으로는 부족하다는 판단에서입니다.

일반적으로 경제 발전 수준이 낮은 나라는 1차 산업의 비중이 높고, 그 반대는 3차 산업의 비중이 높습니다. 21세기는 모름지기 3차 산업 시대입니다. 파나마는 오랜 노력으로 산업 구조의 변화를 이뤄 냈어요. 오늘날 파나마는 중앙아메리카 일대 나라 중 3차 산업의 비중이 가장 큰 나라가 됐습니다. 그 중심에 바로 파나마 시티가 있습니다.

파나마의 법정 통화도 흥미롭습니다. 공식 화폐는 파나마 발보아입니다. 여기서 발보아는 에스파냐의 정복자 이름이에요. 그의 초상이 새겨진 1파나마 발보아의 가치는 미국 1달러의 가치와 일치합니다. 주화는 파나마만의 독자적인 디자인이 입혀져 있지만, 지폐는 미국 지폐를 그대로 사용합니다. 실은 이웃 나라인 에콰도르나 엘살바도르도 미국 달러를 공식 통화로 사용해요. 이 국가들은 오랫동안 미국으로부터 경제적 영향을 받았다는 공통점이 있습니다. 그래서 별도의 화폐를 도입하기보다는 국가 경제에 깊이 스며든 미국 달러를 공식 화폐로 정하는 게 장점이 많았을 테죠.

파나마는 미국 달러를 사용하면서 실질적으로 몇 가지 이점을 얻었습니다. 세계에서 가장 힘이 센 화폐를 국가 화폐로 지정하니 무역도 간편하고 외국 기업이 투자하기에도 어려움이 없습니다. 물가가 치솟는 인플레이션을 억제하는 효과도 덤으로 얻었죠.

어떤가요? 이제 파나마 시티의 빌딩 숲, 다양한 외국계 이름의 고층 빌딩, 깔끔한 도시 환경이 머릿속에서 정리되지 않나요? 이 도시의 경관은 지경학적 조건과 그것을 완벽히 활용한 정부 정책으로 탄생했습니다. 파나마 시티가 세계에서 살기 좋은 도시 순위에서 줄곧 상위권에 거론되는 이유는 이러한 지리적 특징과 역사적 흐름 속에서 피어난 결과물입니다.

05

그란 토레 산티아고

풍경에 숨은 지리적 단서를 읽는 법

'세계에서 가장 긴 나라'는 어디일까요? 답은 칠레입니다. 여기서 관점을 살짝 비틀어 봅시다. 동서로 긴 건지, 남북으로 긴 건지를 구분해 보자는 말입니다. 만약 동서로 긴 나라를 말한다면 러시아가 될 것이고, 남북으로 긴 나라를 말할 때야 칠레라는 답이 성립합니다. 단순히 길이만 놓고 보면 러시아는 칠레보다 두 배 정도 긴 나라예요. 그럼에도 세계에서 가장 긴 나라로 칠레를 흔히 떠올리는 건 아무래도 지리적 조건 탓입니다. 국토가 워낙 남북으로 좁고 길어 생긴 '매력적인 편견'이라고 할 수 있겠죠.

칠레에는 2025년 기준, 남아메리카에서 가장 높은 빌딩이 있습니다. 바로 그란 토레 산티아고(Gran Torre Santiago)입니다. 높이는 정확히 300미터이고, 꼭대기 전망대에 오르면 칠레의 수도 산티아고 시내를 한눈에 굽어볼 수 있어요. 빌딩 외관은 마치 도시를 감시하기 위한 거대한 망루처럼 생겼습니다. 주변보다 독보적으로 높아 산티아고 어디서든 쉽게 찾을 수 있죠.

이번 이야기 장소는 그란 토레 산티아고의 전망대, 스카이 코스타네라입니다. 이곳에서 내려다보는 산티아고의 풍경은 칠레에 관한 오래된 믿음을 살짝 다르게 바꿀지도 모르겠어요. 어떤 공간 이야기가 펼쳐질지, 설렘을 안고 전망대에 올라 볼까요?

시선을 사로잡는 안데스산맥의 탄생

초고속 엘리베이터를 타고 전망대에 오릅니다. 통유리로 된 전망대는 사방팔방으로 탁 트여 어디를 둘러봐도 시원한 개방감을 선사합니다. 시야에 잡히는 여러 경관 중 압도적으로 시선을 잡아끄는 건 높고 험준한 산줄기입니다. 바로 안데스산맥이에요.

안데스산맥은 판 구조 운동으로 만들어졌습니다. 판이란 지구의 겉 부분을 둘러싸는, 두께 100킬로미터 안팎의 암석을 말합니다. 이 암석 판은 크게 대륙판과 해양판으로 구분합니다. 여러 대륙판 혹은 해양판이 서로를 밀고 당기고 어긋나는 과정에서 지표면에 다양한 흔적이 남습니다. 세계적으로 존재감이 상당한 알프스산맥과 히말라야산맥, 로키산맥과 샌앤드레이어스 단층, 태평양을 수놓은 수많은 열도 등이 바로 그러한 흔적입니다.

전망대에서 볼 수 있는 산줄기도 그런 과정으로 만들어졌어요. 정확히 말하자면 남아메리카 대륙판과 나스카 해양판이 만나는 과정을 통해서입니다. 해양판은 대륙판보다 평균 밀도가 높아 둘이 만나면 해양판이 고개를 숙여 대륙판 밑으로 기어 들어갑니다. 주의할 점은 대륙 규모의 거대한 판과 판이 만난다

남반구에서도 꽤 높은 건축물에 속하는 그란 토레 산티아고는 아르헨티나 건축가 세자르 펠리가 설계했다. 61~62층에 마련된 전망대에 오르면 산티아고 시내는 물론, 안데스산맥까지 360도로 조망할 수 있다. 산티아고의 신시가지에 지어진 현대적인 건축물은 이곳이 칠레 경제와 상업의 중심지임을 상징한다.

는 사실이에요. 워낙 힘이 센 두 판이 만나다 보니 서로 맞물린 지점에서 엄청난 에너지가 만들어집니다. 그 힘을 감당하지 못해 땅이 주름살처럼 접히는 일이 생기기도 합니다. 남북으로 약 7,000킬로미터에 이르는 뚜렷한 산줄기인 안데스산맥은 바로 이런 과정으로 큰 골격이 완성됐습니다. 이렇게 만들어진 산맥을 '습곡 산맥'이라고 불러요.

　두 판이 만나는 힘은 때론 서로의 몸을 녹여 마그마를 만들기도 합니다. 마그마는 땅이 갈라진 틈을 찾아 주체할 수 없는 에너지를 발산하려고 합니다. 그 과정에서 화산이 폭발하거나 지진이 발생하기도 해요. 주름진 안데스산맥에는 높게 솟은 화산이 곳곳에 숨어 있습니다. 남다른 존재감을 뽐내는 세계적인 봉우리가 많죠. 산티아고에서 멀지 않은 곳에도 이 과정에서 만들어진 유명한 산이 있습니다. 바로 아콩카과산(6,962m)이에요. 남아메리카의 최고봉이죠.

산티아고는 땅이 주름지는 과정에서 깊고 넓게 팬 공간에 만들어진 도시입니다. 전망대에서 도시를 병풍처럼 둘러싼 높고 험준한 산줄기와 그 안에 포근하게 자리 잡은 산티아고를 볼 수 있는 이유입니다. 이런 공간의 탄생 과정을 알면 '세계에서 가장 긴 나라' 칠레의 탄생을 미뤄 짐작할 수 있어요. 남북으로 수천 킬로미터를 달리는 산줄기가 해안에 바짝 붙어 있어, 그 사이사이의 너른 공간과 해안을 따라 사람과 물자가 흐르는 과정에서 만들어진 나라가 바로 칠레입니다.

아름다운 산맥 뒤 예견된 위험

아름다운 안데스산맥은 보이지 않는 위험을 암시하기도 합니다. 바로 지진입니다. 칠레는 세계에서 지진이 꽤 잦은 나라에 속합니다. 판과 판이 만나는 경계에서 만들어진 안데스산맥이 영토의 기반을 이루기 때문이에요. 1960년 칠레 남부에서 발생한 강진은 리히터 규모 9.0이 넘는, 관측 이래 가장 강력한 지진으로 기록돼 있습니다. 강력한 지진은 산사태, 지진 해일(쓰나미) 등 2차 피해가 발생할 우려도 큽니다. 1960년 당시 하와이, 일본까지도 지진 해일의 피해를 입었죠.

칠레에 지진이 많은 건 환태평양 조산대에 속하기 때문입니다. 높고 험준하고 연속성이 뚜렷한 안데스산맥은 이곳이 조산대라는 사실을 알려줍니다. 환태평양의 '환'은 '고리 환(環)'으로, 조산대가 둥근 고리처럼 태평양을 빙 둘러싼 형태라 붙여진 이름이에요. 그래서 환태평양 조산대의 별명은 '불의 고리(Ring of Fire)'입니다.

조산대를 조금 더 자세히 알고 갈까요? 조산대(造山帶)는 '산을 만드는 띠처럼 연속적인 지대'라는 뜻입니다. 조산대라고 하니 알프스-히말라야 조산대도 떠오릅니다. 유럽의 알프스에서 아시아 히말라야산맥에 이르는 지역입니다. 조산대는 결국 판의 경계라서 화산이나 지진이라는 모습으로 상당한 존재감을 드러냅니다. 그런데 두 개의 세계적인 조산대는 성격이 살짝 다릅니다. 환태평양 조산대 지역이 알프스-히말라야 조산대보다 화산과 지진 활동이 월등히 많기 때문입니다. 어째서 이런 차이가 나

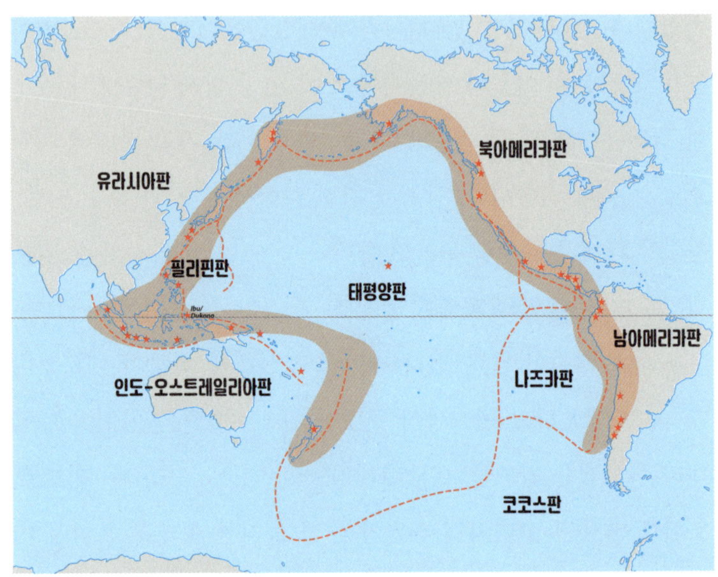

환태평양 조산대는 화산과 지진 활동이 끊이지 않는다. 거대한 해양판인 태평양판이 주변 지역을 파고 들어가는 형태라 화산 활동이 도드라진다. 전 세계 활화산과 휴화산의 약 75퍼센트, 세계에서 발생하는 지진의 약 90퍼센트가 이곳에 집중해 있다.

타나는 걸까요?

결론부터 말하자면 판의 구성 때문입니다. 화산과 지진이 잦으려면 두 개의 판 중 하나가 다른 판 밑으로 들어가야 합니다. 이런 조건은 일반적으로 해양판이 대륙판을 만날 때 잘 충족됩니다. 해양판의 밀도가 더 높아 대륙판 밑으로 들어가거든요. 환태평양 조산대는 이 조건을 충실히 충족합니다. 따라서 태평양 주변으로는 높고 험준한 산맥이 많고 또 화산과 지진이 활발합니다. 해양판이 깊이 밀고 들어가니 해저로도 깊은 골짜기를 만들 수 있습니다. 환태평양 조산대에 세계적인 해구가 많은 이유입니다. 반면에 알프스-히말라야 조산대는 대륙판끼리 만나는 경계라 화산 활동이 적은 편이죠.

칠레 정부는 언제 어떻게 일어날지 모르는 지진에 대비하고자 내진 설계를 의무화했습니다. 리히터 규모 9.0의 지진이 와도 버틸 수 있게 건물을 설계하도록 법으로 정해 놓은 거예요. 이러한 사전 대비는 2010년 리히터 규모 8.8의 강진이 찾아왔을 때 효과를 톡톡히 거뒀습니다. 칠레의 내진 설계는 복잡하지 않습니다. X자 모양으로 위층과 아래층을 받치는 구조물을 추가로 설계해 진동을 흡수하는 방식입니다. 최고층 빌딩인 그란 토레 산티아고 역시 앞선 원리로 건축됐음은 물론입니다.

<h2 style="text-align:center">산크리스토발 언덕과
구도심</h2>

전망대에 서서 시선을 좀 더 가까운 곳으로 옮기면 안데스산맥보다 상대적으로 야트막한 언덕이 보입니다. 전망대에서 능히 굽어볼 수 있는 높이입니다. 언덕의 이름은 산크리스토발(San

Cristóbal)이에요. 산크리스토발이라는 지명은 남아메리카 나라 대부분이 그렇듯이 에스파냐의 정복 역사와 관련이 깊습니다. 크리스트교의 전설적 성인인 '성 크리스토퍼'의 이름에서 따온 이름입니다. '예수를 마음에 간직한 사람'이라는 뜻이니, 종교적으로 상당한 의미를 부여한 작명이라 할 수 있죠.

산티아고가 도시의 면모를 갖추기 시작한 건 16세기 중반부터입니다. 에스파냐 정복자는 온화한 기후에 너른 공간이 확보된 산티아고 지역을 도시 건설을 위한 최적의 장소라 판단했죠. 19세기 초 에스파냐로부터 독립한 칠레는 산티아고를 든든한 엔진 삼아 독립 국가로서 본격적인 성장 궤도에 오릅니다. 오늘날 남아메리카 대륙을 큰 시야에서 볼 때, 대서양 연안에 브라질의 상파울루, 아르헨티나의 부에노스아이레스가 있다면, 태평양 연안에는 칠레의 산티아고가 두각을 나타내는 도시로 성장했습니다.

산크리스토발 언덕 정상에는 22미터 높이의 동정 마리아상이 건립돼 있습니다. 흡사 브라질 리우데자네이루의 거대 예수상을 떠올리게 합니다. 동정 마리아상이 자애롭게 내려다보는 지역은 산티아고의 뿌리에 해당하는 공간입니다. 언덕 바로 앞으로 흐르는 마포초강을 건너면, 아르마스 중앙 광장과 모네다 대통령궁을 만날 수 있습니다. 안데스산맥에서 발원한 마포초강은 굽

아르마스 광장을 마주한 산티아고 메트로폴리탄 대성당의 전경. 칠레 가톨릭의 상징과도 같은 건축물이다. 18세기 후반에 완공됐으며 신고전주의 양식의 웅장한 건축미를 자랑한다. 신고전주의 건축이란 고대 그리스·로마의 건축을 모방해 대칭과 비례를 갖춘 장엄한 규모의 건물을 짓는 방식을 뜻한다. 칠레는 워낙 지진이 잦은 나라라 대성당에도 내진 설계가 적용된 점이 흥미롭다.

이굽이 서쪽으로 흘러 태평양에 닿습니다. 든든한 강이 흐르는 곳이니 도시를 이루기에 손색이 없었겠죠.

아르마스 광장에는 이곳이 산티아고라는 도시의 출발점이었음을 알리는 건물이 즐비합니다. 산티아고 메트로폴리탄 대성당, 중앙 우체국 등이죠. 모네다 대통령궁을 중심으로 북으로는 헌법 광장이 있고, 남으로는 불네스 광장이 있습니다. 먼발치의 자유 광장까지 더하면 산티아고가 유럽의 광장 문화를 바탕으로 만들어진 도시라는 사실이 여실히 드러납니다.

모네다궁은 칠레 현대사의 비극을 떠올리게 하는 장소입니다. 합법적인 선거를 통해 민주적 사회주의 정부를 수립한 아옌데 대통령은 1973년 군부 쿠데타를 일으킨 피노체트 세력에 맞서다 모네다궁에서 숨을 거뒀습니다. 당시 피노체트를 지원한 것은 미국이었습니다. 아옌데가 칠레의 핵심 자원인 구리 광산을 비롯한 지하자원 대부분을 국유화한 것이 결정적이었죠. 이후 17년간 이어진 피노체트의 서슬 퍼런 장기 집권은 이상적인 민주 국가로 가는 칠레의 행보에 오늘날까지도 걸림돌로 작용하고 있습니다. 산크리스토발 언덕에 오르면 질곡의 현대사를 되짚어 볼 수 있는 이유입니다.

전망대에서 바라보는 산티아고의 빈부 격차

이번엔 전망대에서 시선을 발아래로 향해 봅시다. 가까운 곳에는 지은 지 얼마 되지 않은 현대식 빌딩이 옹기종기 모여 있습니다. 면면을 살펴보면 무역 센터, 호텔, 고급 아파트가 주를 이룹니다. 이 시설들과 최고층 그란 토레 산티아고의 조합은 이곳이 오늘날 산티아고에서 가장 뜨거운 동네라는 사실을 알려

왼쪽의 그란 토레 산티아고 빌딩 주변이 부유층이 거주하는 신시가지라면, 그 뒤로 펼쳐진 반대편 산기슭에는 빈민가가 있다. 모두 사람이 사는 주거지지만, 경관적으로는 확연한 차이를 보인다. 이와 같은 사회·경제적 불평등은 비단 산티아고뿐만 아니라 개발 도상국의 대도시에서 어렵지 않게 찾아볼 수 있다.

줍니다. 서울로 치면 강남에 해당한다는 뜻이죠. 산크리스토발 언덕에서 내려다보는 구시가지는 신시가지와 묘한 공간의 짝을 이룹니다.

그란 토레 산티아고 일대는 행정 구역으로 치면 프로비덴시아에 속합니다. 이 동네는 경제적으로 부유한 계층이 삽니다. 오늘날 산티아고의 최대 상업 중심지로 성장한 터라 고소득층이 밀집해 거주해요. 전망대에서 보면 다른 공간과는 확연히 차이가 나는데요. 가장 도드라지는 건 녹지 공간의 비율이 높고 도시 구획이 정돈돼 있다는 점이에요.

프로비덴시아 북쪽 비타쿠라 일대도 온통 부유층의 주거지입니다. 이를 통해 부유층의 거주지가 프로비덴시아를 따라 점차 북쪽으로 넓어지는 추세임을 알 수 있습니다. 상업 시설과 5성급 호텔이 많고 거리가 깨끗하다 보니 산티아고를 찾는 여행자는 이 근방을 즐겨 찾습니다. 최근 한식당도 프로비덴시아와 비타쿠라 일대에 집중해서 생기고 있습니다. 방문객을 위해 상업 시설을 다양하게 마련하는 일은 산티아고 경제에 큰 도움을 줍니다. 여행 산업은 '굴뚝 없는 공장'이기 때문이에요.

시선을 산기슭으로 가져가면 빈민가를 만납니다. 그곳엔 엉성한 지붕을 얹은 집들이 촘촘히 모여 있어요. 산티아고 시가지 전체를 놓고 보면, 도시의 주변부나 산기슭을 따라 빈민가가 죽 늘어선 모양새입니다. 빈민층이 밀집해 사는 이와 같은 공간을 '슬럼(slum)'이라 불러요. 이 동네에서는 녹지 공간을 갖는 건 사치입니다.

불법적으로 지어진 낡고 허술한 건축물은 특히 개발 도상국의 대도시 주변에 많습니다. 정책을 세우고 집행하는 시 당국은 빠르게 성장하는 슬럼이 고민거리입니다. 슬럼은 농촌 인구가 도시로 몰려드는 현상이 워낙 급속도로 일어나 생기는 숙명적 과제입니다. 작은 언덕을 사이에 두고 동전의 앞뒷면처럼 다른 상류층 거주지와 빈민가는 산티아고가 해결해야 할 도시 문제입니다.

전망대에서 뿌연 하늘을 바라보는 일

한껏 부푼 기대를 안고 전망대에 오르겠지만, 때를 잘못 만나면 낭패를 볼 수 있습니다. 비가 와 구름이 낀 것도 아닌데 뿌연 연기만 가득할 때가 있기 때문입니다. 바로 스모그입니다. 미세 먼지와 초미세 먼지가 정말 심한 날은 전망대에서 한 치 앞을 내다보기 힘들 때도 있습니다. 잦은 스모그 현상은 슬럼과 더불어 산티아고가 해결해야 할 핵심 과제라고 할 수 있습니다.

산티아고에 스모그가 심한 원인은 크게 두 가지입니다. 하나는 자연적 조건, 다른 하나는 인문적 조건입니다. 자연적 조건은 앞서 살펴본 대로 산티아고가 주름진 땅 사이에 갇힌 일종의 분지 지형이라는 점이에요. 사방이 험준한 산으로 둘러싸인 공간은 그릇처럼 공기를 가두는 효과를 냅니다. 여기에 인문적 조건이 더해집니다. 산티아고를 비롯한 수도권은 인구 약 800만 명이 밀집해 살아갑니다. 공기 질이 좋을 수 없겠죠. 인간의 활동으로 만들어지는 먼지, 자동차 매연 등이 뒤섞여 공기를 혼탁하게 만들기 때문입니다.

가뜩이나 좋지 않은 공기에 기름을 붓는 건 기온 역전 현상입니다. 일반적으로 기온은 저지대에서 고지대로 갈수록 낮아지지만, 이것이 뒤바뀌는 역전이 일어날 때가 있습니다. 특히 남반구의 겨울철에 해당하는 6~8월이 그렇습니다. 겨울철 산지에서 찬 공기가 산기슭을 따라 분지 바닥으로 차곡차곡 모이면, 산티아고 바닥의 공기는 위로 뜹니다. 찬 공기는 무거워 밑에 있으려고 하기 때문이에요. 이러면 위쪽 공기와 아래쪽 공기가 섞이기 힘듭니다. 공기가 정체되면 비구름도 만들어지기 어려워요. 산티아고 분지에 갇힌 오염된 공기는 오랜 시간 머물며 주민을 괴롭히는 것이죠.

전망대에서 뿌연 하늘을 바라보다 보면 지속 가능한 도시를 떠올리게 됩니다. 오늘날엔 전 세계가 친환경 도시, 재생 에너지 산업에 열을 올리고 있죠. 산티아고 역시 에너지 대전환의 시기에 마냥 손을 놓고 있을 수만은 없습니다. 인간의 생존과 맞닿은 문제이기 때문입니다.

06

미란치 두 발리

상파울루에서 만나는 세계 도시의 조건

와! 사방이 탁 트인 멋진 전망대네요. 여긴 어디일까요? 바로 브라질의 수도 상파울루에 있는 삼파 스카이(Sampa Sky)입니다. 삼파는 현지인이 상파울루를 부르는 애칭이니, 삼파 스카이는 '상파울루의 하늘'이라는 뜻이 되겠네요.

삼파 스카이는 미란치 두 발리 빌딩(170m)의 전망대입니다. 건물 일부를 개조해 세계적으로 유행하는 전망대 방식을 구현했어요. 미란치 두 발리 빌딩은 1960년에 지어진 오래된 마천루지만, 우리나라의 63빌딩처럼 브라질의 찬란한 산업화의 역사를 상징하는 건물로 전국적으로 인지도가 높습니다. 상징성이 큰 마천루에 체험형 요소가 있는 전망대를 도입한 건, 마천루로 구현하는 도시 재생이라고 말할 수 있겠어요.

삼파 스카이에서 사방을 둘러보면 콘크리트 빌딩 숲입니다. 과연 브라질의 최대 도시답네요. 시야를 넓혀 남아메리카에서 가장 잘사는 도시를 따져도 상파울루가 첫손가락에 꼽힙니다. 그렇다는 건, 세계에서도 견줄 수 있는 상위권의 도시라는 뜻입니다. 상파울루의 어떤 면모가 이곳을 세계적인 도시로 만들었는지 살펴보고 싶은 욕심이 생기는데요. 삼파 스카이에서 상파울루의 이모저모를 들여다볼까요?

남아메리카 최대의 도시, 상파울루

세계 도시(world city)라는 말이 있습니다. 세계에서 영향력이 큰 도시만을 선별해 부르는 말입니다. 세계 도시의 이름은 누가 들어도 단박에 알아듣습니다. 이를테면 뉴욕, 런던, 파리, 도쿄 등이죠. 워낙 익숙해서 서울, 부산, 인천 등 친숙한 우리나라 도시 이름을 듣는 느낌이 듭니다. 이런 느낌에서 미뤄 짐작할 수 있듯이, 세계 도시는 어느 도시가 한 국가를 넘어 세계적으로 영향력을 줄 때라야 비로소 성립하는 개념입니다.

누군가는 이런 궁금증을 갖습니다. '옛 로마도 세계 도시가 아닐까' 하는 거죠. 좋은 궁금증입니다만, 결론부터 말하면 절반은 맞고 절반은 틀린 생각입니다. 그 까닭은 이렇습니다. 로마는 지중해를 중심으로 유럽과 북아프리카 전반에 걸쳐 영향력을 행사한 도시입니다. 그런 면에선 세계 도시가 맞습니다. 하지만 세계 도시라는 개념이 출현한 건, 1986년의 일입니다. 옛 로마가 자동차 하나 없던 시절에 물리적으로 이룩된 제국의 심장이라면, 뉴욕은 훨씬 긴밀한 네트워크를 통해 빛의 속도로 자본을 빨아들이는 심장이죠. 오늘날 우리가 말하는 세계 도시는 바로 이런 점이 도드라져야 한다는 뜻입니다.

오늘날 세계 도시의 선두 그룹을 이루는 도시를 꼽자면 뉴욕, 런던, 도쿄, 파리 등입니다. 이 도시 가운데 굳이 1등을 꼽아야 한다면, 아무래도 뉴욕일 거예요. 뉴욕은 '세계의 심장'이라는 별명이 있습니다. 우리 몸에서 가장 중요한 임무를 수행하는 심장처럼, 전 세계에서 가장 중요한 임무를 수행하는 도시입니다. 뉴욕의 위상이 높은 이유를 역시 한 가지만 꼽아야 한다면 바로 금융이에요.

뉴욕은 21세기 세계 금융 시장의 메카입니다. 정확히 말하자면 뉴욕의 맨해튼이 그렇습니다. 경기가 힘들 때 뉴스를 보면 뉴욕의 월가(越街, Wall Street)가 화면에 자주 등장합니다. 예전에 성벽이 있던 곳이라 이렇게 이름 붙여졌죠. 월가가 있는 지역은 '파이낸셜 디스트릭트(financial district)'라고 부르는데요, 이곳이 바로 세계 최대의 금융가입니다. 뉴욕 증권 거래소, 뉴욕 연방 준비은행, 세계 금융 센터가 밀집한 공간이라 금융 지배력이 큽니다.

남아메리카의 최대 도시 상파울루는 인구는 1,000만 명을 훌쩍 넘고, 면적은 서울의 두 배가 넘습니다. 시야를 넓혀 보면 적도 아래 남반구에서 가장 큰 도시라고 봐도 무방할 정도입니다. 남반구에서 가장 크다고 하니, 단순히 인구가 많고 도시 면적이 넓다고 착각해서는 곤란해요. 상파울루는 이 조건도 만족하지만, 더 중요한 건 남아메리카 네트워크의 중심지라는 특징입니

미란치 두 발리 빌딩은 포르투갈어로 '골짜기의 전망대'라는 뜻이다. 브라질의 근대사와 도시 발전사를 상징하는 중요한 건축물로, 우리나라의 63빌딩과 비슷한 위상이다. 오래된 건축물인 만큼 구시가지인 아냥가바우에 있다. 라틴 아메리카 현대 건축의 아이콘으로서 여전히 존재감이 상당하다.

다. 뉴욕처럼 남아메리카의 자본을 아우르는 최대의 금융 시장을 형성하죠. 그렇다면 상파울루는 정말 세계 도시의 면모를 갖췄을까요? '상파울루의 하늘'에 올라 몇 가지 단서를 추적해 보겠습니다.

상파울루의 첫 번째 단서, 금융 중심지

삼파 스카이에 서면 정말 상파울루 곳곳이 시야에 잡힙니다. 가장 눈에 띄는 건 주변을 빼곡하게 메운 고층 빌딩입니다. 고층 빌딩이 많은 이 동네는 상파울루의 도심입니다. 도심은 한 도시에서 최고 수준의 서비스업과 행정 기관, 금융 기관 등이 모여 있는 심장과도 같은 공간입니다. 남아메리카 최대 도시인 상파울루는 그에 걸맞게 대륙 최대의 상업과 비즈니스 지구가 형성돼 있어요.

2025년 기준, 상파울루는 국내 총생산, 그러니까 모든 경제 주체가 1년 동안 생산한 시장 가치의 합이 브라질 내에서 압도적인 1위입니다. 남아메리카 대륙 전체를 봐도 1위입니다. 시야를 확 넓혀 전 세계 기준으로 봐도 주요 도시 중 10위권에 드는 도시가 바로 상파울루입니다. 돈이 흐르는 도시 중에서도 그야말로 최상위권에 속한다고 말할 수 있습니다.

브라질 내 다국적 기업의 약 60퍼센트도 이곳 상파울루 도심 주변에 본사를 뒀습니다. 다국적 기업은 세계를 무대로 경영을 펼칩니다. 다국적 기업의 뿌리가 브라질에 있든지 미국에 있든지 간에 중요한 건 여러 나라의 도시에 본사와 지사를 두고 현

파울리스타 거리는 상파울루의 경제와 문화, 금융을 대표하는 길이 약 2.8킬로미터의 대로다. 1891년 커피 생산 기업을 운영하던 재벌과 부유층의 주거지로 기획된 곳이다. 오늘날에는 현대적인 고층 빌딩과 역사적인 건축물이 어우러져 특별한 장소감을 선사한다. 평일에는 교통량이 많지만, 휴일에는 거리를 전면 통제해 보행자가 즐거운 거리로 탈바꿈한다.

지의 판매와 생산에 관심을 쏟아 이윤을 내는 일입니다. 다국적 기업의 이러한 활동 양상을 가리켜 '국경을 넘나든다'라는 표현을 쓰죠. 여기서 국경을 넘나드는 핵심이 바로 돈입니다. 다국적 기업이 많다는 것을 바꿔 말하면 세계적인 금융 중심지라는 뜻이에요.

앞서 살펴본 몇 가지 지표는 상파울루가 돈이 흐르는 공간임을 알 수 있는 핵심 단서입니다. 상파울루를 거점으로 정말 많은 세계 자본이 오간다는 뜻이죠. 상파울루의 국내 총생산은 뉴질랜드 전체의 국내 총생산과 비슷한 수준입니다. 한 국가와 비슷한 규모이니, 상파울루는 세계 도시가 맞습니다. 20세기 초만 하더라도 리우데자네이루가 브라질의 경제를 이끌었지만, 1960년 수도의 지위를 잃으면서 서서히 왕위를 상파울루로 넘겨주었어요. 마치 오스트레일리아 최대 도시의 지위가 멜버른에서 시드니로 옮겨 간 것과 비슷합니다.

세계 도시는 세계 금융업의 선택을 받아야 합니다. 국내외의 자본이 자유롭게 오갈 수 있게 제도적으로 뒷받침해야 한다는 뜻입니다. 세계 굴지의 금융 기업이 어느 도시에 빌딩을 세웠다면, 그 도시는 해당 기업을 통해 자본을 빨아들이고 또 내뱉습니다. 그 과정에서 돈이 돌고, 돈이 돌면 사람이 모입니다. 그러면 도시의 덩치가 커지고 고층 빌딩의 수요가 많아지는 구조예요. 삼파 스카이라는 멋진 전망대는 이러한 과정에서 만들어진 자연스러운 부산물로 보면 좋습니다.

상파울루의 두 번째 단서, 컨벤션 센터

삼파 스카이에서 지도를 펼쳐 봅시다. 주변 주요 시설 중에는 무슨 무슨 컨벤션 센터, 엑스포(EXPO)와 같은 시설이 많습니다.

이런 시설은 세계 각지에서 사람이 모여 회의하거나 물건을 들여 전시하는 공간입니다. 뭔가가 모이게 하는 힘은 매력입니다. 매력적인 사람에게 자연스럽게 사람이 모이듯이 매력적인 공간에 세계가 모입니다. 회의나 컨벤션 기획자의 관점에서 보자면 다음과 같은 조건이 중요합니다.

우선 접근성입니다. 세계 각지에서 모여야 하니 교통 조건이 탁월해야 합니다. 항공 교통은 필수요, 공항에서 회의장까지 이동하는 것도 편해야 합니다. 컨벤션 센터에서 모인 주요 인사가 다시 세계 각지의 현장과 소통하려면 초고속 통신망을 비롯한 네트워크도 갖춰야 하죠. 이런 관점에서 보면 물리적인 환경 조건, 다시 말해 지리적 조건은 과거보다 완화된 측면이 있습니다. 19세기 후반 세계를 주름잡던 파리 박람회 시절의 조건과는 사뭇 다른 점이 있다는 겁니다.

오늘날 컨벤션 센터로 선택을 받으려면 그곳을 찾은 사람에게 남다른 경험을 선사할 수 있어야 합니다. 제아무리 첨단 기술이 발전해 다양한 간접 경험 플랫폼이 발달했다고 해도, 직접 보고 듣고 체험하며 오감을 충족하는 경험을 이길 수는 없죠. 모의 비행을 수백 번 성공한 파일럿이라도 첫 비행에서 또 다른 차원의 경험을 쌓을 수 있는 것처럼요. 회의장의 모습도 마찬가지입니다. 네모난 회의장 중앙에 의장이 앉고, 그 주변을 참가자들이

죽 늘어선 병정처럼 둘러싸는 구조보다는 회의 공간을 다양하게 변형할 수 있는 유연성이 중요합니다. 뻔한 건 새로운 경험을 줄 수 없기 때문이에요.

삼파 스카이 주변을 에워싼 다양한 형태의 컨벤션 센터는 회의장에 관한 최신 트렌드를 충실히 반영합니다. 상파울루 공항에서 도심까지는 거리가 가깝고 편리한 공항 철도가 운영 중입니다. 도시는 도심을 중심으로 방사형으로 뻗어 나간 도로에서 다시 작은 도로가 모세 혈관처럼 뻗어 나가며 주변 공간을 장악하는 모양새입니다. 또한 컨벤션 센터 주변으로는 고급 호텔과 쇼핑몰이 밀집해 방문객들에게 즐거운 경험을 안겨 줍니다. 회의장도 차별화돼야 하지만, 그 주변 역시 각양각색의 경험을 줄 수 있는 공간이어야 해요.

국제 컨벤션 협회는 매년 국제 회의를 개최한 횟수를 기준으로 국가별, 도시별 순위를 발표하는데요. 2024년 자료에 따르면, 브라질은 전 세계 15위를 기록했고, 상파울루는 라틴 아메리카 지역에서 2위를 차지하며 높은 경쟁력을 보여 줬습니다. 포르투갈의 리스본, 싱가포르, 에스파냐의 바르셀로나, 대한민국의 서울 등은 세계적인 국제 회의를 많이 개최하는 도시로 잘 알려져 있죠. 예상하다시피 이 도시는 모두 세계 도시입니다.

상파울루의 세 번째 단서, 문화 다양성

삼파 스카이에서 펼친 지도에서 이번엔 박물관을 찾아봅시다. 앞서 살펴본 컨벤션 센터처럼 삼파 스카이를 중심으로 주변에 박물관이 여럿 보입니다. 박물관에서 미술관으로 검색 범위를 넓히면 더욱 많은 장소가 눈에 띕니다. 상파울루에는 60여 개의 문화 예술 관련 시설이 있습니다. 가장 대표적인 곳이 상파울루 미술관입니다. 상파울루 정도의 대도시는 초고층 빌딩이나 역사적 건축물이 랜드마크의 지위를 갖습니다만, 이곳 시민에게 가장 많은 사랑을 받는 랜드마크는 상파울루 미술관입니다.

상파울루 미술관은 '현대 브라질 건축의 상징', '제2차 세계 대전 이후 최초로 미술품을 전시한 브라질의 미술관' 등 수식어가 화려합니다. 브라질을 넘어 '라틴 아메리카와 남반구에서 가장 독보적인 미술관'이라는 수사는 상파울루 미술관의 위상을 한층 드높입니다. 상파울루 미술관에 가면 브라질 미술을 기본으로 아프리카나 아시아 대륙의 미술품, 고대 유물과 장식 예술품을 두루 감상할 수 있습니다. 그 옆에는 거대한 규모의 미술 도서관이 마련돼 있어요. 작품 감상은 물론 미술 교육까지 아우르는 상파울루 미술관이 시민에게 큰 사랑을 받는 이유입니다.

육중한 붉은색 기둥이 인상적인 상파울루 미술관은 1947년에 건축된 라틴 아메리카 최초의 현대 미술관으로, 파울리스타 거리의 랜드마크다. 고흐와 세잔, 마네, 피카소 등 세계적인 화가의 작품을 소장하고 있다. 거대한 기둥으로 건물을 띄워 마련한 필로티 공간은 시민들의 휴식처이자 매주 일요일 골동품 시장이 열리는 문화의 장이기도 하다.

상파울루 도심 일대에는 복합 문화 시설도 즐비합니다. 도서관을 비롯해 다양한 체육 시설과 공원은 이 도시의 문화 다양성을 한층 높입니다. 도시 곳곳에는 다양한 형태의 극장에서 작품이 상영되고, 독립 영화관이 넓은 공원을 등지고 명소가 됩니다. 젊은 예술가의 도전적인 실험 정신이 공간에 배어 있다는 점에서 우리나라 문화 예술의 핫 플레이스로 꼽히는 '홍대'가 떠오르네요.

시민을 위한 문화와 스포츠 공간인 세스크 폼페이아(Sesc Pompeia). 상파울루 미술관을 설계한 건축가 리나 보 바르디가 과거 공장이었던 이곳을 문화 시설로 재탄생시켰다. 오래된 산업 유산을 재활용하는 방식은 세계적으로 각광받는 도시 재생 방식이다. 우리나라에도 비슷한 도시 재생 공간이 있다. 강화도의 조양방직은 카페로, 서울 마포구의 석유비축기지는 문화비축기지로 변화했다.

상파울루의 문화 다양성을 이야기할 때 빼놓을 수 없는 게 세스크(Sesc)로 불리는 비영리 기관입니다. 1946년에 설립된 사회 복지 법인 세스크는 상파울루라는 대도시의 문화적 가치를 높이는 데 큰 관심을 기울였습니다. 특히 문화와 스포츠, 건강과 영양, 아동과 청소년 그리고 노인 복지와 사회 관광 분야에서 도시가 유기적으로 연결되고 기능할 수 있게 노력해 왔어요. 세스크의 장기적인 노력은 공원에도 광장에도 꽃을 피워 공공 장소

세종도서
교양부문
선정도서

한국출판문화
산업진흥원
청소년 추천도서

대한출판문화협회
올해의
청소년도서

국립어린이
청소년도서관
사서 추천도서

학교도서관저널
추천도서

곰곰

불안과 중독에서 나를 지키는 뇌과학 이야기

내 행동과 감정을 이해하고픈 10대를 위한 뇌과학 입문서. 예민함, 외향성과 내향성, 중독, 회복 탄력성 등 성격과 행동, 감정을 만드는 뇌의 비밀을 밝힌다. 과학적 호기심을 충족하는 것을 넘어 자기 자신을 이해하고 수용하는 힘을 길러 줄 책이다.

내가 아니라 뇌가 문제라고요?

박솔 지음 | 176쪽 | 16,700원

학교도서관저널 추천도서

#뇌과학 #자아탐색

걱정과 불안을 내려놓는 열여덟 번의 명상

일상에서 감정의 파도를 마주하는 청소년에게 스스로 회복하는 법을 알려 주는 마음챙김 안내서. 학업 스트레스, 자존감 저하, 불안, 질투 등 청소년기 대표 고민 열여덟 가지를 선정하고, 각 상황에 맞는 쉽고 짧은 명상법을 제시한다.

자라느라 애쓰는 10대를 위한 마음챙김

심윤정 지음 | 152쪽 | 16,700원

#마음챙김 #명상

의 가치를 높였습니다.

생각해 보면 문화적 자산이 빈약한 도시는 결코 매력적이지 않습니다. 대규모 공장이 밀집한 공업 도시나 빛의 속도로 돈만 오가는 빌딩 숲을 거니는 것은 그다지 유쾌하지 않은 경험일 거예요. 경제력도 중요하지만 머무르는 사람이 다양한 경험으로 오감을 만족할 수 있어야 좋은 도시라고 말할 수 있습니다. 그런 면에서 상파울루는 다채로운 매력을 지닌 도시입니다.

상파울루는 북반구를 제외하면 가장 존재감이 큰 세계 도시예요. 삼파 스카이에서 살펴본 몇 가지 단서를 합치면, 이곳이 정말 세계 도시가 맞다는 강한 확신을 얻을 수 있습니다. 고층 빌딩이 많고, 접근성이 좋으며, 많은 사람과 돈이 모이고 흩어지는 공간! 그러면서도 도시 전체에 다채로운 문화 다양성이 흐르는 도시는 그 자체로 큰 매력을 지닙니다. 상파울루를 비롯한 세계 도시는 이런 조건을 충족하면서도, 각자의 방식으로 그 매력을 발전시켜 나가는 흥미로운 도시 모델입니다.

07

스카이휠

모빌리티 선도 도시 헬싱키의 비결

놀이동산이나 명소에 가면 가끔 커다란 원형 대관람차를 만납니다. 대관람차는 땅에 발을 붙이고 섰을 때는 볼 수 없는 뭔가를 관람할 수 있다는 기대감을 줍니다. 만약 도시, 그것도 도심 근처에 대관람차가 있다면 목적은 분명합니다. 바로 도시 풍경을 감상하는 것이죠. 핀란드의 수도 헬싱키에 있는 대관람차가 그렇습니다. 이름은 '하늘을 나는 바퀴'를 뜻하는 스카이휠(Skywheel)입니다. 스카이휠 대관람차는 40미터 정도로 아담합니다만, 개방감은 여느 대관람차 못지않답니다. 어찌 보면 클 필요가 없어 작게 만들었다고 보는 게 맞겠다는 생각이 듭니다. 꼭대기에 다다르면 헬싱키 시내와 항구를 두루 굽어볼 수 있거든요.

스카이휠을 타고 하늘로 오르면 바다와 땅, 산과 하늘이 만나는 다양한 공간을 볼 수 있어요. 가장 먼저 눈에 띄는 건 헬싱키의 도시 풍경입니다. 마치 중세 유럽의 모습을 보는 것처럼 고풍스럽습니다. 한편 이곳이 핀란드의 수도가 맞는지 의아할 정도로 작고 아담한 느낌을 주기도 해요. 하지만 이래 봬도 헬싱키는 세계에서 높은 생활 수준을 자랑하는 도시 중 하나입니다. 헬싱키는 어떻게 옛 모습과 생활 편의라는 두 마리 토끼를 잡을 수 있었을까요? 스카이휠 전망대에서 그 까닭을 살펴보겠습니다.

헬싱키가 오래된 풍경을 간직한 이유

서서히 높은 곳으로 오르는 스카이휠에서 헬싱키 시가지를 내려다봅시다. 마치 중세 시대에 시간이 멈춘 것처럼 오래된 도시 경관이 인상적입니다. 낮은 건물 지붕들 사이로 간간이 교회의 첨탑이 눈에 띄지만, 화려한 고층 빌딩 숲은 보이지 않습니다.

대관람차에서 시선을 아주 멀리 가져가면 핀란드에서 가장 높은 건물인 REDI 타워가 보입니다. 이 건물의 주된 목적은 쇼핑몰입니다만, 살림집도 있는 주상 복합 건물입니다. 이 건물은 헬싱키뿐 아니라 핀란드에서 가장 높은 건물이지만 높이가 134미터로 낮은 편이에요. 향후 200미터 정도의 빌딩이 지어질 예정이라고는 하지만, 그마저도 다른 나라의 초고층 빌딩에 비하면 높지 않죠. 헬싱키는 어떻게 예전 모습을 잘 간직하고 있을까요?

핀란드는 노르웨이, 스웨덴과 함께 스칸디나비아반도를 구성합니다. 스칸디나비아반도의 등줄기를 이루는 스칸디나비아산맥은 침엽수림이 빼곡하게 자라는 환경 조건을 지녔어요. 침엽수림이 많은 고위도의 환경 조건에선 전통적으로 나무로 집을 지었습니다. 못을 하나도 쓰지 않고 나무와 나무를 연결하는 전

헬싱키의 도시 경관은 예스럽고 멋스럽다. 21세기 첨단의 시대에 중세풍의 경관을 유지할 수 있었던 것은 엄격한 도시 관리 덕분이다. 중세에 지은 성과 대성당 등을 중심으로 도시가 발달해 온 것도 요인이다. 왼쪽으로 보이는 높은 건물이 헬싱키 대성당, 오른쪽 부둣가에 있는 대관람차가 스카이휠이다.

통 건축 방식입니다. 이렇게 지은 건물은 산타클로스의 오두막처럼 생겼어요. 목조 건물은 높이 올려 짓는 데 한계가 명확합니다. 뉴욕 맨해튼의 마천루가 철근 콘크리트 건축 방식이 정착된 후 본격적으로 지어지기 시작한 것도 비슷한 이치입니다.

목조 건축 양식은 16세기 헬싱키라는 도시가 세워지면서 본격적으로 도시 공간을 채워 갔습니다. 헬싱키가 도시적 면모를 제대로 갖추기 시작한 건, 1550년 구스타브 1세 때입니다. 이후 헬싱키에서 가장 높은 건축물은 크리스트교 중심의 여느 유럽 도시처럼 교회의 첨탑이 됐습니다.

핀란드는 역사적으로 가치가 높은 중세 건축 양식의 건물을 법적으로 규제해 보전하면서 지금처럼 스카이라인이 낮은 도시 경관을 유지해 왔습니다. 사실 북서부 유럽의 국가 대부분은 유럽 경관 협약(ELC)을 준수하려고 노력합니다. 이는 2000년 이탈리아 피렌체에서 채택된 협약으로, 경관을 공동의 문화유산으로 여기자는 약속입니다.

나아가 핀란드는 공동체의 정서적 교감을 중시하는 사회적 분위기가 조성돼 있습니다. 고층 건물이 주는 위화감을 꺼리는 분위기가 시민의 정서에 반영돼 있다는 뜻이에요. 헬싱키가 아름다운 옛 풍경을 간직한 이유입니다.

지리의 눈으로 관찰하는 헬싱키의 자연환경

스카이휠 맞은편에는 헬싱키 항이 있고 그 뒤로는 넓은 바다 위에 여러 섬이 펼쳐져 있습니다. 이 단순한 경관 안에는 헬싱키가 항구로서 기능할 수 있는 몇 가지 지리적인 이유가 얽혀 있어요.

헬싱키 항은 오늘날 유럽에서 꽤 많은 사람과 물자가 이용하는 곳입니다. 핀란드의 핵심 화물 항구로서 목재와 기계, 장비 등을 수출하고 주로 생활용품을 수입하죠. 항구가 제 기능을 하려면 겨울철이 너무 추워서는 곤란합니다. 바닷물이 얼면 뱃길이 막히기 때문이에요. 그런 면에서 헬싱키 항은 낙제입니다. 항구의 위치가 워낙 고위도라 겨울에 바다가 부분적으로 얼기 때문입니다. 그럼에도 헬싱키 항은 핀란드만의 핵심 항구이며, 특히 러시아가 상트페테르부르크를 기점으로 활용하는 주요한 바닷길에 위치해 있어요. 여차하면 쇄빙선의 도움으로 뱃길을 내 이용할 정도죠. 고위도 지역은 얼지 않는 항구인 '부동항(不凍港)'이 정말 중요하다는 점을 짐작할 수 있는 대목입니다.

항구 너머로 보이는 바다와 수많은 섬은 이곳이 리아스식 해안임을 알립니다. 리아스식 해안은 해안선의 드나듦이 복잡한 해안에 붙이는 이름입니다. 에스파냐에는 리아스식 해안의 어원에 해당하는 리아스 지방이 있습니다. 이런 해안이 만들어진 핵심 원인은 마지막 빙기 이후 바닷물이 서서히 차오르는 현상입니다. 해안까지 산줄기가 이어진 곳에 물이 차오르면 어떤 일이 벌어질까요? 그렇습니다. 상대적으로 낮은 저지대부터 물이 차올라 새로운 해안선을 만들어 내겠지요. 이때 하천이 산줄기를 깎아 내린 골짜기는 바닷물이 깊숙이 들어와 만(灣)을 이루고,

일본 규슈 나가사키현의 사이카이 국립 공원은 아주 전형적인 리아스식 해안이다. 해안선의 약 80퍼센트가 개발되지 않은 채로 보존돼 있으며 400개 이상의 섬이 구름처럼 바다에 떠 있는 모습이 아름답기로 유명하다.

산의 능선이었던 곳은 곶(串)을 이루면서 자연스럽게 드나듦이 복잡한 해안이 연출되는 거예요. 섬이 많고 해안선이 복잡한 우리나라의 서·남해안도 대표적인 리아스식 해안입니다. 계곡이 많은 산줄기와 해수면 상승이라는 두 가지 요소가 만나면 세계 어디서든 리아스식 해안이 만들어질 수 있습니다.

이쯤에서 헷갈리지 말아야 할 것이 있어요. 스칸디나비아반도 노르웨이의 서쪽 해안선입니다. 헬싱키 항구 근처처럼 해안선의 드나듦이 매우 복잡하지만, 이곳은 피오르 해안이라고 부

노르웨이 베르겐의 북쪽에는 예이랑에르 피오르가 유명하다. '노르웨이의 보석'이라는 별명으로 불리는 이곳은 2005년 유네스코 세계 자연 유산으로 등재될 정도로 아름다운 경관을 자랑한다. 길이는 약 15킬로미터이고, 협만 사이의 절벽은 높이 1,000미터가 넘는 곳이 많다. 계곡 정상에서 일곱 갈래로 떨어지는 크니브스플로포센 폭포는 예이랑에르 피오르의 백미다.

룹니다. 해수면이 상승하며 물이 차올라 생겨나는 점은 리아스식 해안과 같습니다. 하지만 골짜기를 깎은 주체가 다릅니다. 리아스식 해안이 하천이 깎은 골짜기에 물이 들어찬 경우라면, 피오르 해안은 빙하가 깎은 자리에 물이 찬 경우입니다. 그래서 피오르 해안은 리아스식 해안보다 골이 깊고 수심도 깊죠.

파노라마처럼 펼쳐진 바다와 섬의 향연을 보자니, 헬싱키 일대가 어째서 오래전부터 항구로 성장할 수 있었는지 가늠할 수 있습니다. 복잡한 해안선이 바람과 파도의 힘을 약하게 만들어 주고, 일정 수준의 수심은 확보된 곳! 쇄빙선의 도움으로 어떻게든 얼음을 깨고 바닷길을 잇는 게 여러모로 유리했을 겁니다.

헬싱키가 살기 좋은 이유, 모빌리티

스카이휠에서 도시 한복판으로 시선을 깊숙이 가져가면 헬싱키 역을 볼 수 있습니다. 헬싱키 역은 핀란드에서 유동 인구가 가장 많은 시설입니다. 하루에 평균 약 20만 명이 이용한다고 하니, 우리나라의 서울역 1일 평균 이용객보다는 적지만 결코 적다고 말할 수는 없습니다.

헬싱키 역이 본격적으로 기능한 시기는 러시아 제국령 핀란드 대공국 시절입니다. 1862년에 개통한 헬싱키 역에서는 장거리 열차가 전국 각지로 뻗어 나갑니다. 핀란드만을 끼고 내륙 깊숙한 곳에 자리하는 러시아의 상트페테르부르크와도 국제선 철도로 연결될 정도로 교통의 네트워크상 중요한 역할을 담당합니다.

헬싱키의 주요 철도 노선을 보면 헬싱키 역을 중심으로 동서로, 방사형으로 뻗어 나가는 모양새입니다. 이런 모양으로 발달

헬싱키 일대의 철도 노선은 헬싱키 중앙역을 중심으로 방사형으로 뻗어 나간다. 철도 노선은 복잡한 해안선을 넘나들며 크고 작은 도시의 핵심 공간을 관통한다.

할 수밖에 없는 건 리아스식 해안의 드나듦과 관련이 깊습니다. 복잡한 해안선은 시가지 확장에 걸림돌입니다. 철도 노선으로서 최적의 지형 조건이 평야라면, 리아스식 해안은 난도가 높은 지형 조건인 셈입니다. 덕분에 철도는 선형성을 포기하고 헬싱키 도심을 거점 삼아 방사형으로 뻗어 나갈 수밖에 없습니다. 어떤 곳은 비용이 많이 들더라도 과감하게 돌아가야 하지요. 철도 노선을 따라 시가지가 좁고 길게 늘어선 이유입니다.

헬싱키 역 주변에는 가지런히 세워진 자전거 무리가 제법 많습니다. 스카이휠에서 내려다보이는 항구 곳곳에도 자전거 거치 장소가 꽤 많아요. 이 자전거는 시에서 운영하는 공유 자전거입니다. 공유 자전거는 세계 여러 도시에서 심심치 않게 볼 수 있는 대표적인 모빌리티입니다. 모빌리티는 사람이나 물건의 이동과 관련된 모든 기술을 아우르는 개념입니다. 지하철과 버스 등이 촘촘히 연결돼 있음에도 도시 곳곳에는 여전히 대중교통의 사각지대로 남는 공간이 있는데요, 자전거는 이곳까지도 마치 모세 혈관처럼 연결합니다.

공유 자전거를 타는 건 여러 가지 면에서 좋습니다. 이용객의 건강에 좋고 공해도 발생하지 않습니다. 한 걸음 더 나아가 지속 가능한 이동 수단이기도 하죠. 자전거는 화석 연료를 쓰지 않아 기후 변화를 막는 데에도 기여할 수 있고, 약간씩 수리하고 관리만 잘 해 줘도 꽤 오랫동안 이용할 수 있습니다. 자전거가 제아무리 에너지 효율이 좋은 전기, 저공해, 수소, 연료 전지 자동차보다 지속 가능성 측면에서 뛰어난 이유입니다.

도시 이동성을 향한 인류의 도전

이동은 인간은 물론 모든 생명체의 본성입니다. 한자리에서 나고 죽는 것으로 여겨지는 식물도 그렇습니다. 식물은 번식하려고 이동이 가능한 개체의 힘을 빌리죠. 대표적인 게 동물입니다. 열매나 씨앗을 먹은 동물의 배설물을 통해 먼 곳까지 옮겨갈 수 있습니다. 물이나 바람을 이용하는 것도 식물의 전략입니다. 산들바람에도 쉽게 흩어지는 포자를 만드는 등 씨앗 자체를 멀리 보낼 수 있게 진화한 식물은 동물도 쉽게 갈 수 없는 거리까지 나아가기도 해요.

도시를 만들고 좁은 공간에 밀집해 사는 인간에게 이동성은 매우 큰 욕구입니다. 이를 '도시 이동성'이라고 부릅니다. 사람이건 화물이건 간에 반드시 어디론가 가야 합니다. 그래야 도시가 움직이며 기능할 수 있기 때문이죠. 세계의 주요 도시가 이동성, 다시 말해 모빌리티에 큰 노력을 기울이는 이유입니다.

직장인이 출근하는 상황을 가정해 봅시다. 직장을 중심으로 어떤 사람은 반경 100미터 이내에 살고, 또 어떤 사람은 2킬로미터 이상 멀리 떨어져 살기도 할 겁니다. 두 사람이 직장까지 가는 최적의 이동 경로는 모빌리티를 효율적으로 조합해 만들 수 있습니다.

우선 100미터 이내는 걸어가는 게 좋습니다. 그보다 조금 멀다면 개인 자전거나 공유 자전거를 고려해볼 수 있을 거예요. 2킬로미터가 넘는 먼 거리에 있다면 모빌리티 조합이 필수입니다. 대중교통을 이용한다는 것을 전제로, 집에서 지하철역 혹은 버스 정류장까지의 거리, 직장에서 지하철역이나 버스 정류장까지의 거리를 따져 여러 공공 모빌리티로 그 틈을 메우면 됩니다. 이러한 개인의 이동을 넘어 대중, 화물 수송까지를 종합적으로 고려해 이동의 편익을 높이는 일이 곧 도시 이동성을 높이는 일입니다.

오랜 옛날 우마차의 시대에서 군대와 물자가 신속히 오가게 도로를 만든 로마 제국 시대, 자동차가 보급되고 고속 철도와 항공까지 등장한 오늘날까지 인류는 언제나 이동성을 높이는 일에 끊임없이 도전해 왔습니다. 인류 문명의 역사는 곧 모빌리티 발전의 역사라고 해도 무방하죠. 최근에는 자기 부상 기술을 활용해 시속 1,000킬로미터 이상의 속도로 이동하는 하이퍼루프 같은 새로운 이동 수단도 개발했습니다. 사람이든지 물건이든지 간에 물리적 공간을 초월할 수는 없기에 모빌리티에 관한 욕구와 기대는 나날이 높아질 거예요. 도시는 그런 욕구가 모이고 모인 공간입니다. 이동성이 향상되는 일이야 마다할 이유가 없습니다만, 반드시 함께 생각해야 할 것이 있습니다. 바로 지속 가능성입니다.

헬싱키는 지속 가능한 모빌리티의 선도 도시!

한 도시의 경쟁력을 이야기할 때 살피는 모빌리티 관련 평가 지표가 있습니다. 바로 '지속 가능 도시 교통 평가'입니다. 우리나라도 자체적으로 기준을 세워 각 도시를 평가해요. 전 지구적 단위에서 세계 주요 도시를 대상으로 이뤄지는 평가도 있는데, 이 가운데 '도시 이동성 준비 지수 평가'에서 헬싱키는 당당히 최상위권에 이름을 올렸습니다. 세계 최고 수준의 지속 가능한 이동성을 갖춘 도시가 바로 헬싱키예요.

헬싱키가 모빌리티 선도 도시가 된 것은 전적으로 정부와 시민의 노력 덕입니다. 헬싱키는 누구나 한번은 꿈꾸는 차 없는 거리를 만들고, 모세 혈관처럼 도시 곳곳을 촘촘하게 잇겠다는 포부를 밝혔습니다. 지하철 역과 역 사이 간격을 경전철 등으로 촘촘히 메우고, 가정에서 지하철역까지 쉽게 갈 수 있는 중간 모빌리티를 구축하며, 선진적인 자전거 기반 시설을 갖추는 것 등이 세부 목표입니다. 정말 원대한 목표가 아닐 수 없습니다.

헬싱키는 이를 구현하려고 2030년까지 도시 전체의 차량 중 약 30퍼센트를 전기차로 바꾸겠다는 목표를 세웠습니다. 또한 지속 가능한 모빌리티 시스템을 구축하는 것이 궁극적인 목표

10여 개의 노선을 따라 트램이 시내 곳곳을 누빈다. 트램은 지하철과 비교했을 때 건설과 유지 비용이 저렴하고, 교통 약자의 접근성을 높이는 장점이 있다. 유럽에는 트램이 있는 도시가 꽤 많다. 오래된 시가지의 도시 경관을 보존하는 데에 합리적인 교통수단이기 때문이다. 이미 19세기부터 트램을 운영한 도시가 있을 정도로 유럽의 트램 사랑은 뜨겁다.

입니다. 시민의 불편 사항에 귀를 기울이며 빠른 행정으로 이를 개선해 나가고자 노력하죠.

헬싱키 모빌리티 시스템에서 가장 주목할 부분은 서비스로서의 모빌리티인 마스(MaaS, Mobility as a Service)입니다. 마스가 어떤 것인지 쉽게 이해하려면 배달 애플리케이션(이하 앱)을 떠올리면 좋습니다. 배달 앱에 접속하면 온갖 식당의 음식을 살펴볼 수 있고, 결제를 마치면 도착 예상 시간까지 알려 줍니다. 배달 기사가 어디쯤 오고 있는지도 실시간으로 알 수 있고, 배달이 완료되면 알림 문자도 보내 주죠. 한 번의 주문으로 모든 과정을 깔끔하게 알 수 있는 시스템! 이 시스템을 모빌리티에 적용한 게 바로 마스입니다.

헬싱키는 모빌리티 서비스를 선도합니다. 마스는 기존 교통 시스템이 확고한 상황에서 쉽게 도전하기 힘든 난제였습니다. 헬싱키는 과감한 혁신과 법 제도 정비 끝에 어려운 과제를 해냈습니다. 행정 당국과 대중교통 운영 기관, 연구 기관과 기업이 머리를 맞대고 치열하게 논의한 결과였어요. 그 운영 주체는 윔(Whim)이라는 모빌리티 플랫폼 기업이었습니다. 골자는 다양한 모빌리티를 하나의 플랫폼에 담는 것이었습니다. 7년 가까이 혁신적 사례로 주목받으며 운영됐지만, 수익 모델의 한계로 2024년 윔의 도전은 막을 내렸습니다. 하지만 세계 어느 도시도 쉽게 도전하지 못한 마스 시스템의 가능성을 보여 준 놀라운 실험으로 남았습니다.

지금도 헬싱키는 더 정교한 마스 시스템을 만들려고 노력 중입니다. 헬싱키 지역 교통국(HSL)에서 제공하는 앱을 이용하면 대중교통과 공유 자전거를 결합한 최적의 경로를 찾을 수 있습니다. 휠체어나 유아차를 이용하거나 시각 장애가 있는 교통 약자를 위한 기능도 마련돼 있습니다. 이 서비스를 제대로 이용하면 실시간 최적의 경로를 파악할 수 있는 것은 기본이고, 해당

경로에서 이용해야 할 모빌리티 역시 바로바로 알 수 있어요. 전동 킥보드를 타고 앱이 알려 준 지점에 내리면, 바로 앞에 택시가 대기하는 상황이 자연스럽게 펼쳐지는 거예요. 빠르고 정확하고 다채로우니 이용자의 마음도 즐겁고 흥미롭습니다. 마치 영화의 주인공처럼 이것저것 바꿔 타며 목적지로 빠르게 가는 스릴을 맛볼 수 있겠죠.

모빌리티를 통한 이동성의 향상은 곧 삶의 질 향상으로 이어집니다. 집에서 나와 목적지까지 편리하게 이동하는 일은 모든 이가 희망하는 것이기 때문이에요. 앞서 소개했듯이, 헬싱키는 교통 약자를 위한 모빌리티를 기본권으로 정의합니다. 비장애인과 마찬가지로 장애인도 이동권을 보장받아 도시 교통 서비스를 이용할 수 있어야 한다는 것을 전제로 도시 정책을 펴고 문제점을 보완해요. 이를테면 휠체어를 탄 사람이 원하는 목적지까지 안전하게 갈 수 있는 인프라를 꾸준히 개선하죠.

이처럼 지속 가능한 모빌리티는 지구 환경에 더해 모든 이의 이동권을 고려하는 시스템을 구축하는 것이 중요합니다. 헬싱키가 지속 가능한 모빌리티 선도 도시로 평가받는 데에는 그만한 이유가 있는 셈이네요.

08

더 샤드

템스강을 품은
금융 허브 도시, 런던

런던에 간다면 꼭 방문하고 싶은 곳이 있나요? 런던 아이, 대영 박물관 등 다양할 것 같네요. 하지만 개인적으로 이곳을 추천하고 싶어요. 바로 더 샤드(The Shard) 빌딩입니다. 2025년 기준 런던의 최고층 빌딩인데요, 높이는 약 310미터로 인천광역시 송도의 국제 금융 센터(305m)와 엇비슷합니다.

더 샤드는 2012년 런던 올림픽 대회에 발맞춰 지었습니다. 건축가 렌초 피아노는 교회의 첨탑과 범선의 돛대에서 영감을 받아 더 샤드를 설계했다고 해요. 이 건물이 건축학적으로 주목받는 이유는 햇빛과 하늘을 반사하게 1만 1,000여 개의 유리로 외관을 씌웠기 때문입니다. 위로 갈수록 면적이 좁아지며 다양한 각도로 비틀어진 유리는 독특한 형태와 더불어 변화무쌍한 겉모습을 자랑합니다.

전망대에 오르면 런던 곳곳이 한눈에 들어오는데요, 런던 시가지는 더 샤드를 중심으로 동심원으로 뻗어 나가는 모양새입니다. 잔잔한 호숫가에 돌을 던지면 물결이 사방으로 퍼지는 것처럼 말이죠. 옛 대영 제국의 심장이자 오늘날 세계 경제를 이끄는 도시! 런던은 21세기에도 세계 도시이자 금융 허브 도시로 여전히 강력한 힘을 발휘하고 있습니다. 더 샤드에 오르면 어떤 이야기를 건져 올릴 수 있을까요?

작은 항구 도시였던 런던의 간략한 역사

19세기 말 영국은 세계 패권을 장악한 제국이었고, 런던은 그 제국의 심장이었습니다. 당시 영국의 별명은 '해가 지지 않는 나라'였어요. 영국령 식민지가 전 세계에 퍼져 있어 영국 본토가 밤이더라도 식민 영토 가운데 어딘가는 항상 낮이어서 붙은 이름이죠. 오대양 육대주에 걸쳐 워낙 방대한 영토를 가졌던 터라 공식 국명이 '대영 제국(大英帝國)'이었습니다. 역사상 가장 넓은 범위에 세력을 형성한 나라이기도 했어요.

대영 제국의 심장인 런던은 그 덕에 세계에서 가장 번성한 도시로 발전해 왔습니다. 본국은 물론 세계 곳곳의 식민지를 경영하는 데 필요한 의사 결정은 대부분 런던에서 내려졌습니다. 물론 런던도 그 시작은 언제나 그렇듯이 미약했습니다. 로마 제국이 맹위를 떨치던 시절로 거슬러 오르면 런던은 작은 식민 도시에 불과했어요. 로마 제국 시절 런던의 이름은 론디니움(Londinium)이었습니다. 템스강 변에 군사와 상업 시설을 조성했는데, 이것이 런던의 출발이었죠.

변방의 요새였던 런던은 산업 혁명이라는 세계 경제의 큰 변화를 맞아 선두권으로 치고 나갑니다. 지표와 가까운 곳에 매장

더 샤드는 런던의 새로운 아이콘으로, 런던의 스카이라인을 첨단의 모습으로 변화시켰다. 더 샤드가 있는 곳은 본래 낙후된 서더크 지역이었다. 이 공간을 도시 재생의 차원에서 첨단 기업이 모일 수 있게 탈바꿈시킨 상징물이 바로 더 샤드다. 세인트 폴 대성당이나 빅 벤이 기존의 랜드마크였다면 더 샤드는 떠오르는 랜드마크다.

된 석탄 덕분에 영국은 천리마처럼 급속히 성장했고, 세계에서 자본이 가장 활발히 도는 공간으로 탈바꿈했습니다. 강력한 자본력을 바탕으로 영국은 로마 제국을 뛰어넘는 대영 제국을 완성하기에 이르렀습니다.

20세기 들어 화려한 대영 제국은 막을 내렸지만, 당시에 쌓아 올린 힘은 런던이 여전히 최상위 세계 도시로 명성을 유지하게 만들어 줬습니다. 로마의 작은 식민 도시에 불과했던 런던은 강한 산업 혁명기를 거쳐 제국의 수도가 되고, 이후 막강한 자본을 끌어들이는 금융 허브 도시로 변모해 왔어요. 그런 면에서 생물학 용어인 '진화'라는 표현을 도시에 붙여도, 어색하지 않습니다. 런던이라는 도시가 실로 살아 있는 생명처럼 꾸준히 성장해 왔기 때문이죠.

랜드마크를 불러 모은 템스강의 비밀

더 샤드에서 아래를 굽어보면 가장 먼저 템스강이 시야에 들어옵니다. 템스강의 길이는 약 350킬로미터로, 우리나라의 금강과 비슷합니다. 이 강은 런던을 동서로 관통하는 거대한 축처럼 느껴집니다. 실제로 런던을 동서로 관통하며 주변 시가지를 절묘하게 아우르죠. 그런데 템스강은 상당히 안정적이고 폭이 생각보다 넓지 않은 느낌입니다. 서울의 한강과 비교하면 강의 풍경이 확연히 차이납니다. 강 주변에는 이렇다 할 제방이 없습니다. 무슨 뜻일까요?

전통적으로 도시를 관통하는 하천은 공간의 통합보다는 분리를 낳습니다. 가령 서울 한강의 수변은 예로부터 사람이 가까이에 살 수 없는 버려진 공간이었습니다. 한강은 도시 거주민이 물을 얻을 수 있는 핵심 공간이지만, 반대로 홍수 때 목숨을 앗아갈 수 있는 두려움의 공간이기도 했죠. 가까이하기엔 너무 위험했습니다.

그런데 상류에 댐을 만들고 강 주변에 높은 제방을 쌓아 한강 수위를 조절할 수 있게 되면서부터 상황이 바뀌었습니다. 강변은 넓은 한강 공원을 이용할 수 있고, 아름다운 강 풍경을 바라볼 수 있는 매력 만점의 공간으로 탈바꿈했어요. 한강에 가까이 붙을수록 부동산의 가치도 오릅니다. 한강을 충분히 통제하고 이용할 수 있게 되면서 상황이 역전된 것이죠.

반면 템스강은 한강과 공간의 문법이 완전히 다릅니다. 영국은 우리나라처럼 여름철에 강수량이 집중하는 나라가 아닙니다. 대서양에서 밀려오는 습한 바람은 일정한 강수량을 선사합니다. 나아가 비바람을 동반하는 강력한 태풍도 없어요. 이러한 환경 조건은 템스강의 유량을 꽤 안정적으로 만듭니다. 강이 안정적이고 부드러우니 인간은 정착 초기부터 강에서 멀리 떨어지지 않은 곳에서도 생활할 수 있었죠. 그렇다고 홍수가 전혀 없는 것은 아니었지만, 우리나라에 비하면 사정이 아주 좋은 편이었다는 뜻입니다. 강을 관리하는 능력이 부족했던 론디니움 시절에도 강변을 따라 시가지가 밀집할 수 있었던 이유입니다.

웨스트민스터 궁전의 시계탑 빅 벤(위)과 타워 브리지(아래)는 영국을 대표하는 랜드마크다. 1859년 완공된 빅 벤은 현재는 영국 국회 의사당의 상징으로, 정확성과 평온함, 끈기 등을 상징한다. 타워 브리지는 19세기 산업 혁명 과정에서 탄생했다. 템스강을 오가는 배가 지나갈 수 있게 가운데 교각을 들어 올릴 수 있다. 영국 빅토리아 시대의 화려한 기념물로 야경이 특히 아름답다.

템스 배리어는 1982년에 조성된 하굿둑이다. 북해에서 진입하는 조수나 폭풍 해일을 차단해 템스강의 수위를 안정시키는 역할을 한다. 기후 변화에 따라 2000년 이후 연간 가동 횟수가 뚜렷이 느는 추세다.

전망대에서 내려다본 템스강 변은 한국인의 시선으로 보면 아찔한 구석이 많습니다. 거대한 시계탑 빅 벤도, 아름다운 다리의 대명사 타워 브리지도 강과 매우 가까이 밀착해 있습니다. 한 걸음 뒤로 물러나 짓거나 교각을 높이 세워 홍수에 대비하려는 의도는 전혀 읽히지 않습니다. 그럼에도 한 가지 의구심은 남습니다. 아무리 유량이 안정적이라고 해도 지나치게 강과의 거리가 짧은 건 아닐까요? 이쯤에서 시선을 템스강 하구로 가져가 봅시다. 강이 바다와 만나는 언저리에 물막이 같은 시설이 보입니다. 바로 템스 배리어(Thames Barrier)입니다.

템스 배리어는 이름 그대로 템스강을 가로지르는 길이 520미터의 인공 장벽입니다. 영국은 강수량이 안정적인 편임에도 이 시설을 만들어 만에 하나 발생할 수 있는 홍수를 대비합니다. 템스강이 만나는 북해 연안이 조수 간만의 차가 크기 때문입니다. 이렇게 생각해 봅시다. 밀물이 드는 시기에 평년보다 비가 월등히 많이 온다면 어떨까요? 내륙의 빗물을 템스강을 통해 북해로 빨리 내보내야 하는데, 바닷물이 밀려드는 때라 물이 주변으로 넘칠 가능성이 높습니다. 이런 사태에 대비하고자 템스 배리어를 만든 것이죠. 위험을 관리하려는 이러한 노력 덕분에 런던의 주요 랜드마크가 템스강에 가까이 모일 수 있었습니다.

런던의 심장 공간, 시티 오브 런던

타워 브리지 건너 반대편으로 시선을 두면 두 개의 핵심 공간을 만납니다. 하나는 시티 오브 런던(City of London)이고, 다른 하나는 카나리 워프(Canary Wharf)입니다. 두 곳 모두 영국을 넘어 세계적으로 유명한 금융의 중심지인데, 군이 구분하자면 전자가 형, 후자가 아우입니다. 두 공간은 오늘날 독특한 관계를 맺고 있어요.

이쯤에서 잠시 몇 가지를 엄밀히 따져 봅시다. 영국의 공식 국명은 '그레이트브리튼 북아일랜드 연합왕국'입니다. 이를 줄여 흔히 '유나이티드 킹덤(United Kingdom, UK)'이라고 부릅니다. 우리가 사용하는 '영국'이라는 이름은 과거 중국에서 '잉글랜드'를 한자로 옮길 때 '영격란(英格蘭)', 줄여서 '영국(英國)'이라 표기했던 데서 유래합니다. 영국은 잉글랜드·스코틀랜드·웨일스·북아일랜드, 이렇게 네 구성국이 연합해 만들어진 나라예요. 이 중 잉글랜드에서 가장 큰 도시가 바로 런던입니다. 조금 더 정확하게 말하자면 그레이터 런던이죠.

그레이터 런던은 우리가 흔히 '런던'이라고 부르는 곳을 아우르는 넓은 행정 구역으로, 시티 오브 런던과 그것을 둘러싼 32개의 '버러(borough)'를 합친 곳입니다. 버러란 영국의 지방 행정 구역 단위예요. 이렇게 볼 때 시티 오브 런던은 잉글랜드의 핵심 공간인 런던의 심장부라고 할 수 있습니다. 앞서 살펴봤듯이 런던의 어원은 로마 제국 시절 이름인 론디니움입니다. 론디니움이 곧 시티 오브 런던의 자리라, 이곳의 역사성은 남다릅니다.

런던의 기원이라는 점에 걸맞게 시티 오브 런던에는 유적과 상징적 장소가 밀집해 있습니다. 세인트 폴 대성당, 런던 증권 거래소, 스미스필드 시장, 런던 탑 등이죠. 그중 주목해야 할 것은 금융 기관입니다. 영국의 중앙은행인 잉글랜드 은행의 본관

영국의 위치는 지정학·지경학적 이점을 지닌다.

이 시티 오브 런던에 있다는 점은 이곳의 상징성을 대변합니다. 대영 제국은 옛 영화를 상당 부분 잃었지만, 금융 지배력만큼은 여전히 강합니다.

런던이 세계 금융의 허브 도시가 된 데에는 지리적 요인도 크게 작용했습니다. 몇 가지 질문을 던져 봅시다. 만약 영국이 섬나라가 아니라면 어땠을까요? 만약 런던에 템스강이 없거나 템스강이 한강처럼 수위 변동이 심하다면요? 혹은 런던이 북해와 대서양으로 진출할 수 없는 위치라면 어땠을까요? 이런 지리적 질문만 던져 봐도 오늘날과는 상황이 많이 달랐을 거라고 짐작할 수 있습니다.

아주 넓게 보면 런던은 북해를 통해 유럽 대륙, 대서양을 통해 신대륙과 연결되는 확장성을 지닙니다. 20세기 초 영국이 주도해 개통한 이집트의 수에즈 운하는 아프리카와 아시아 대륙까지 잇고자 한 전략적 사고가 숨어 있습니다. 한 걸음 더 나아가면, 영국은 유럽 대륙과 도버 해협을 사이에 두고 떨어져 있습니다. 대륙과 연결되지 않은 지리적 조건은 전쟁의 위험성을 낮추는 계기가 됩니다. 전쟁 위험이 낮은 나라는 세계 자본의 흐름에서 높은 신뢰를 얻습니다. 런던이 바로 그랬어요.

시티 오브 런던의 위세를 이어받은 카나리 워프

더 샤드에서 오른편을 바라보면 화려한 빌딩 숲이 보입니다. 카나리 워프입니다. 한눈에 봐도 일대에서 가장 현대적으로 지어졌다는 느낌입니다. 마치 우리나라의 여의도를 보는 것 같죠. 그도 그럴 것이 카나리 워프는 도클랜즈의 작은 어촌 마을을 금융 중심지로 새롭게 단장해 전략적으로 개발한 곳입니다. 오늘

카나리 워프는 세계적인 금융 업무 지구다. 템스강이 U자형으로 크게 휘돌아 나가는 이색적인 위치에 자리한다. 씨티 그룹의 유럽 본부를 비롯해 HSBC, 모건 스탠리 등 굴지의 금융 기업이 밀집해 있다. 우리나라의 여의도 금융 지구를 개발할 때 벤치마킹한 지역으로 잘 알려져 있다.

날 영국의 초고층 건물 상당수가 이곳에 밀집해 있을 정도죠. 에펠 탑에서 바라보는 파리의 금융 중심지 라데팡스와 비교할 수 있을 정도로 단박에 시선을 잡아끕니다. 카나리 워프는 어떻게 탄생했을까요?

카나리 워프는 원래 향신료를 들이던 항구였어요. 이름에 카나리가 들어간 건 에스파냐 먼 바다에 있는 카나리아 제도에서 수입품을 주로 들여왔기 때문입니다. 대영 제국이 한창 덩치를 키울 무렵, 도클랜즈 항구는 중요한 국제 무역의 거점이었어요. 끝나지 않을 것처럼 보였던 도클랜즈의 전성기는 20세기 중반에 이르러 쇠락의 길에 접어듭니다. 핵심 원인은 제2차 세계 대전입니다.

제2차 세계 대전 당시 도클랜즈는 무차별 폭격으로 폐허가 됐습니다. 상처는 되도록 빨리 치유하는 게 상책입니다만, 당시 세계 무역 질서가 도클랜즈에 불리한 방향으로 흐르면서 상황이 악화했습니다. 지리적 이점이 있는 작은 해상 부두보다는 대량의 컨테이너를 빠르게 처리하는 대형 항만이 중요해졌죠. 버려진 카나리 워프는 런던의 눈엣가시가 돼 갔어요. 이런 처지에서 벗어나려면 변화가 반드시 필요했습니다. 1980년대 그 변화의 바람이 서서히 불어오기 시작합니다. 바로 영국의 경제 부흥기입니다.

영국 경제가 호황을 누리자 버려진 도클랜즈는 새롭게 공간의 이야기를 그려 나갈 수 있는 백지처럼 여겨졌습니다. 부동산 개발업자는 도클랜즈를 매력적인 투자처로 보고, 이곳을 세계의 금융 허브로 만들겠다는 포부를 품습니다. 마침 오랜 기간 금융의 중심지였던 시티 오브 런던도 멀지 않은 곳에 있어, 두 공간의 시너지 효과도 기대할 수 있었죠. 생각해 보면 긴 시간 동안여러 역사가 켜켜이 쌓인 시티 오브 런던을 새롭게 개발하는 일은 만만치 않습니다. 일정한 부지를 확보하려면 해결해야 할 과제가 너무 많죠.

이처럼 시간이 흐르면서 공간의 존재감이 180도 바뀌는 현상은 세계 여러 도시에서 심심치 않게 볼 수 있습니다. 서울의 노른자위인 옛 용산 정비창 일대도 그렇습니다. 열차를 정비하던 공간은 차차 용산 국제 업무 지구로 탈바꿈할 예정입니다. 초고층 빌딩을 랜드마크로 해 글로벌 회의와 전시를 유치하고, 업무와 상업 시설 외 문화 시설까지 복합적인 기능을 아우르게 개발하고 있습니다.

웨스트 엔드와 사우스 뱅크 그리고 모어 런던 플레이스

더 샤드에서 시티 오브 런던과 카나리 워프라는 세계적인 금융 중심지를 살펴봤습니다. 이제 미처 살피지 않은 왼편으로 시선을 돌리면, 웨스트 엔드와 사우스 뱅크도 살펴볼 수 있습니다.

웨스트 엔드는 1666년 시티 오브 런던이 대화재로 피해를 입었을 때, 돈 많은 이들이 대안으로 찾은 공간이었습니다. 이후 이곳으로 자본이 모이면서 여러 기업의 본사 등이 들어섰고 런던을 한층 풍요롭게 만들었습니다. 웨스트 엔드에서 흥미로운

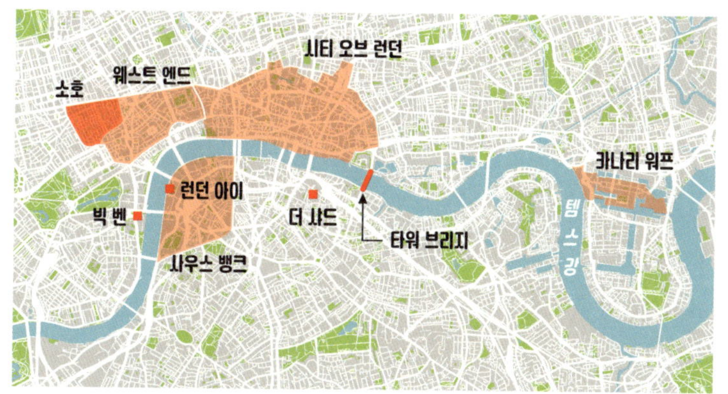

런던을 동서로 관통하는 템스강을 따라 늘어선 런던의 핵심 공간들

장소를 꼽자면 소호(Soho)입니다. 소호는 19세기부터 런던의 대표적인 번화가 중 하나로 성장했습니다. 특히 문화와 예술, 패션이 주를 이룹니다. 좁은 골목마다 개성 넘치는 레스토랑과 술집, 부티크, 공연장, 소극장이 즐비합니다. 매우 발랄하고 생기 넘치는 분위기라 특히 영국의 밤 문화를 상징하는 공간이기도 합니다.

소호 하우스는 소호 지역을 더욱 특별하게 만드는 사례입니다. 소호 하우스는 1995년 영국의 사업가 닉 존스가 만든 프라이빗 멤버십 클럽입니다. 도시의 다양한 요소에 미학적 가치를 부여해 소수를 위한 사적 공간을 만든 것이죠. 주로 예술 분야 인사들을 대상으로 회원을 모집하며 톰 크루즈를 비롯해 스칼

릿 조핸슨, 루크 에번스 등 내로라하는 유명 배우가 이 클럽에 가입해 있어요.

사우스 뱅크는 이름에서 알 수 있듯이, 템스강 남부의 제방 지역입니다. 이곳은 오랫동안 창고가 즐비한 거리였어요. 하지만 고밀화된 시티 오브 런던의 대안으로 카나리 워프나 웨스트 엔드가 생겼듯이, 사우스 뱅크도 비슷한 이유로 새롭게 부상하는 중입니다. 이곳에는 더 샤드와 함께 런던의 랜드마크로 주목받는 대관람차 런던 아이(London Eye)가 있습니다. 런던을 여행하는 사람이라면 콘서트를 관람하거나 외식을 할 때 으레 사우스 뱅크를 찾게 되죠.

더 샤드 주변에는 모어 런던 플레이스(More London Place)라는 지역이 있습니다. 이곳은 모어 런던 프로젝트의 대상지였어요. 부지가 넓지만 습지가 많고 도시 빈민이 주로 살던 공간이었는데, 이곳을 바꿔 보자는 노력이 바로 모어 런던 프로젝트입니다. 이곳에서 가장 눈길을 끄는 건물은 옛 런던 시청 건물입니다. 살짝 옆으로 누운 달걀처럼 생겼는데, 친환경 설계 덕에 기존 건물 대비 에너지를 약 75퍼센트 절약한다고 해요. 공을 오래 들여 새로운 도시 공간을 만드는 도시 재생은 지나친 성장주의에서 한 발 물러서서, 지속 가능한 도시를 위한 청사진을 그릴 수 있게 만들어 줍니다.

옛 런던 시청 건물은 템스강 타워 브리지 옆에 있다. 친환경 건축으로 유명한 노먼 포스터가 디자인했다. 건물 모양이 비스듬한 달걀 모양인 건 표면적을 줄이려는 설계다. 표면적이 줄면 그만큼 냉난방 비용을 아낄 수 있다. 또한 유리 외벽은 공공 기관의 투명성을 상징하는 동시에 자연 채광을 극대화해 에너지 소비를 줄이는 장점도 있다. 건물에서 사용하고 남은 물은 인근 화장실과 농지에서 재활용한다. 여러모로 환경을 고려해 설계에 공을 들인 건물이다.

더 샤드 전망대에선 런던의 뿌리가 되는 공간과 미래를 빛낼 공간 그리고 각양각색의 랜드마크를 한눈에 담을 수 있습니다. 그리고 이 모든 것 곁에는 템스강이 흐르죠. 런던이 오늘날과 같은 세계 금융 도시로 성장할 수 있었던 건 템스강의 안정적인 유량이라는 지리적 조건이 충실히 뒷받침한 결과입니다. 이처럼 지리적 안목을 지니면 도시 공간을 더욱 면밀하고 정확하게 바라볼 수 있답니다.

09

케냐타 국제 컨벤션 센터

부동산 투자가 만든 나이로비의 두 얼굴

'케냐' 하면 사파리 투어로 유명한 마사이 마라 국립 공원, 킬리만자로산에 버금가는 높이의 케냐산(5,199m) 등이 떠오릅니다. 상식이 풍부한 사람이라면 버락 오바마 전 미국 대통령을 떠올렸을 수도 있겠어요. 오바마의 아버지가 바로 케냐 출신이기 때문입니다. 러닝을 즐기는 사람이라면 엘리우드 킵초게가 생각났을 수도 있어요. 케냐는 마라톤 최강국이거든요. 케냐 출신 선수 킵초게는 올림픽 마라톤 종목에서 2연패를 달성한 인물입니다. 2시간 35초의 세계 기록을 보유한 켈빈 킵툼 역시 케냐 출신이죠.

만약 부동산에 관심이 많은 사람이라면 케냐의 수도 나이로비에 주목할 필요가 있습니다. 나이로비는 케냐를 넘어 아프리카에서도 매우 빠른 속도로 인구가 느는 도시입니다. 산업화로 농촌 사람들이 도시로 대거 이동하는 이촌향도 때문입니다. 도시로 몰려드는 젊은 인구는 나이로비의 강력한 성장 동력이에요. 동아프리카의 경제 중심지로 거듭나겠다는 국가적 열망 속에 나이로비의 부동산 가치는 상승 중이고요. 케냐를 넘어 동아프리카 일대의 자본이 모인다면 땅의 가치는 분명 더 오를 수밖에 없겠죠.

나이로비를 두루 조망할 수 있게 케냐타 국제 컨벤션 센터 전망대에 올라 봅시다. 나이로비가 동아프리카 일대에서 주목받는 도시가 된 이유는 무엇일까요? 다양한 공간을 살펴보면서 도시 발달과 부동산에 얽힌 빛과 그림자에 주목해 보겠습니다.

나이로비의 핵심 공간에서 알아보는 케냐

케냐타 국제 컨벤션 센터는 32층, 105미터의 높이입니다. 케냐에서 가장 높은 빌딩도, 그렇다고 가장 오래된 빌딩도 아니지만 전망대에서 만날 수 있는 풍경의 맛이 그야말로 일품입니다. 시야가 좋은 날이면 나이로비 전역을 눈에 담을 수 있을 정도입니다. 일단 눈에 띄는 건물의 면면을 보면 이곳이 나이로비라는 도시의 뿌리가 되는 공간임을 짐작할 수 있습니다. 지도와 함께 살펴보면 케냐 국립 박물관, 케냐 국립 기록 보관소, 자미아 모스크, 성가족 대성당, 대형 병원 등을 찾을 수 있어요. 시선을 조금 더 멀리 두면 초고층 마천루가 여럿 보입니다. 국가 기관과 대형 종교 시설, 마천루가 밀집해 있으니, 이곳은 분명 나이로비라는 도시에서 의미가 큰 공간일 것 같네요.

가톨릭교의 종교 시설인 성당과 이슬람교의 종교 시설인 모스크가 모두 있다는 사실에서 케냐의 종교 구성을 엿볼 수 있습니다. 아프리카 대륙은 크게 사하라 사막 지역과 그 이남 지역으로 나눠 종교 구성의 큰 맥락을 잡을 수 있습니다. 사하라 사막 일대는 아라비아반도에서 점차 서쪽 건조 기후 지역과 지중해 연안으로 세력을 확장한 이슬람교가 지배적이죠. 반면 그 이남

케냐타 국제 컨벤션 센터의 외관은 갈색이다. 건조 기후 지역에서 전통 가옥을 만드는 주재료가 진흙이라 그 색깔로 겉을 장식했다. 건축 당시 동아프리카 일대에서 가장 높은 건물을 목표로 했는데, 케냐의 경제적 성장과 미래를 향한 상승 의지를 담았다. 타워 앞쪽 원뿔형 지붕의 회의장은 아프리카 전통 주거 양식인 론다벨(Rondavel)의 지붕 형태에서 영감을 받았으며, 건물명은 케냐의 국부(國父)로 불리는 조모 케냐타(Jomo Kenyatta)의 이름에서 따왔다. 여러모로 케냐를 상징하는 랜드마크로 손색이 없다.

지역은 유럽 열강의 식민 지배로 가톨릭교나 개신교 같은 크리스트교가 빠르게 전파됐습니다. 열대 기후에서 부족 중심의 생활 양식을 일궈 온 원주민의 토속 신앙과 크리스트교가 사하라 이남 지역의 주된 종교 기반입니다.

케냐는 19세기 말부터 20세기 중반까지 영국의 식민 지배를

전망대에서 바라본 나이로비의 풍경. 왼쪽 아래 십자가 모양 건물이 성가족 대성당이다. 성가족 대성당은 나이로비 대교구의 핵심 성당이다. 케냐는 포르투갈 선교사를 통해 가톨릭교를 처음 접했다. 영국의 식민 통치 영향으로 개신교 신자가 더 많지만, 가톨릭교도의 비율도 무시할 수준이 아니다. 전망대에서 지평선 가까이로 보이는 녹지는 국립 공원이다. 시야가 좋은 날엔 나이로비 국립 공원도 볼 수 있다.

받았습니다. 그러다 보니 크리스트교의 교세가 강하죠. 종교 인구 구성을 보면 크리스트교가 약 80퍼센트, 이슬람교가 약 10퍼센트를 차지합니다. 케냐는 헌법상 특정 종교를 국교로 삼지 않는 나라입니다. 모스크와 대성당이 함께 있는 풍경은 종교의 자유가 허락된 케냐의 사회 문화와 식민의 역사, 나아가 사하라 사막과 가까운 지리적 조건이 만들어 낸 흥미로운 경관이라는 걸 기억하면 좋겠습니다.

나이로비 빌딩의 성지, 어퍼힐

　원형 전망대에서 한 바퀴 빙 둘러보면 높은 건물이 유독 밀집한 장소가 눈에 띕니다. 그곳은 어퍼힐(Upper Hill) 지역입니다. 어퍼힐은 나이로비에서 상권이 가장 발달한 공간입니다. 그 명성에 걸맞게 케냐에서 세 번째로 높은 건물인 UAP 올드 뮤추얼 타워(163m)가 있죠. 한 나라의 최고층 빌딩은 주로 자본력이 강한 도시에 많습니다. UAP는 2026년 기준, 올드 뮤추얼 홀딩스(Old Mutual Holdings)로 이름을 바꾼 아프리카 굴지의 금융 기업입니다. 그 본사가 바로 케냐에 있어요.

　어퍼힐은 원래 고층 빌딩이 많은 곳이 아니었습니다. 이름에서 알 수 있듯이 약간 언덕진 지역입니다. 영국의 식민 지배 당시엔 철도국 고위 직원이 살던 조용한 주거 지역이었죠. 이후 나이로비의 신흥 상업 지구로 본격적으로 개발되면서 서서히 지금과 같은 모습이 됐습니다. 나이로비에서 가장 깔끔하고 교통이 편리하며 생활 환경과 여행 시설이 잘 갖춰진 곳이 바로 어퍼힐 지역입니다.

　전망대에서 바라본 어퍼힐 지역의 또 다른 특징은 녹지 공간입니다. 높은 빌딩과 건물 사이로 빼곡하게 들어찬 나무는 푸른

어퍼힐 일대를 바라보면 2026년 현재 케냐에서 가장 높은 건물인 브리탐 타워 (200m)가 눈에 띈다. 그 주변으로 높은 빌딩이 밀집해 있다. 나이로비의 새로운 금융 허브로 육성된 어퍼힐에는 금융·정보·보험 기업들이 모여 있다.

숲을 연상케 할 정도로 이상적입니다. 이와 같은 환경을 갖추는 게 가능한 이유는 이곳이 열대 사바나 기후 지역이기 때문입니다. 사바나 기후는 건기와 우기가 뚜렷한 게 가장 큰 특징입니다. 비가 오는 때와 오지 않는 때의 강수량 차이가 극단적이죠. 어퍼힐 지역의 녹지는 바로 비가 열대 우림처럼 많이 오는 우기에 만들어집니다. 열대 사바나 기후 지역이 열대 우림 기후 지역과 경관이 비슷한 이유입니다. 1년의 절반 정도가 건기라서 여행자라면 이 시기를 고르는 게 좋습니다.

어퍼힐에서 조금 더 주목할 건 기업의 면면입니다. 나이로비 최고의 상업 공간인 어퍼힐에는 시티 은행, 코카콜라, 화웨이 등 굴지의 다국적 기업의 지사가 있습니다. 전망대에서 조금 더 멀리 시선을 두면 웨스트랜즈라는 지역이 보입니다. 이곳에도 역시 제너럴 일렉트릭과 구글의 아프리카 본사, 인텔과 LG 등 세계적인 다국적 기업의 지사가 있습니다. 이 기업들은 어째서 나이로비에 모였을까요?

나이로비, 부동산 투자처가 되다

나이로비는 영국 식민지 시절 철도 교통의 요충지로서 성장한 도시입니다. 영국이 작정하고 이곳을 케냐의 행정과 상업 중심지로 건설하면서 수도가 됐습니다. 다만 여느 식민지 정책이 그렇듯이 영국인에게 좋은 터를, 원주민에게는 상대적으로 나쁜 터를 줬어요. 출발부터 차별적이었던 공간의 분리는 곧 공간의 불균등한 발전으로 이어졌습니다. 이러한 구조적 한계를 본격적으로 극복하기 시작한 건 1963년 케냐가 영국으로부터 독립하면서부터입니다.

나이로비는 독립 이후 교통과 통신, 행정 등 인프라를 늘리고 탄탄하게 갖추면서 서서히 성장하기 시작했어요. 1990년대에 접어들어서는 자본주의 시장 경제를 본격화했습니다. 경제 규제를 완화해 개인, 특히 외국인 투자자에게 투자의 기회를 주고 기업 활동을 적극적으로 장려했죠. 그러면서 나이로비에서 사업을 펼칠 기업을 유치하고 부족한 주택을 개발하는 일이 중요해졌습니다. 주거, 상업, 사회 기반 시설 등이 최적의 자리를 찾는 과정에서 부동산 경기가 활성화했습니다.

부동산 경기가 살아나자 양질의 주택이 공급되고 도시 환경이 개선됐습니다. 자연스럽게 세계 굴지의 기업도 관심을 두기 시작했어요. 오랜 토지 분쟁, 건축 허가 분쟁 등을 행정 당국과 주민 그리고 기업이 조율해 가면서 복잡한 실타래를 풀어낸 결과가 바로 어퍼힐, 웨스트랜즈와 같은 공간으로 열매 맺었습니다. 생각해 보면 도로가 점차 개선되고, 공항이 한 단계 확장되며, 인터넷 통신망이 빠르게 확산되고, 급속한 도시화로 국내 총생산이 오르는 도시는 투자자의 마음을 사로잡을 조건을 충분히 갖춘 셈입니다.

부동산 개발업자는 늘 새로운 투자처를 찾는 데 열중합니다. 자신이 가진 돈을 은행에 가만히 숨 쉬게 두는 것보다 시장에 내놓아 더 많은 부가 가치를 만드는 일이 낫다고 보는 겁니다. 자본의 투자는 자본주의 시장 경제를 움직이는 주요한 동력입니다. 투자자는 성장 가능성이 높고 수익을 기대할 수 있는 곳에 자본을 투자하죠. 고층 빌딩이 들어서는 곳은 대개 기업 활동이 활발하고 자본이 집중돼 있는 곳입니다. 이런 곳은 십중팔구 부동산 가치가 높아요. 나이로비는 최근 부동산 가치가 빠르게 오르고 있습니다. 사하라 이남 아프리카에서도 성장 속도가 빠른 도시에 속합니다. 특히 주요 상업 지구를 중심으로 고층 빌딩이 빠르게 늘고 있어요.

부동산 열기가 작용하는 원리

어퍼힐에 다국적 기업이 빌딩을 짓는다고 생각해 봅시다. 그럼 다국적 기업에서 일하는 사람들이 살 집이 필요합니다. 근로자가 생활할 집과 더불어 출퇴근을 원활하게 할 수 있게 도로나 대중교통 시스템도 뒷받침돼야겠죠. 소득이 높은 이들은 여가 시간에 운동을 하거나 대형 쇼핑몰에서 필요한 물건을 구매할 거예요. 어떤 사람은 1인 가구라 사무실 근처의 오피스텔을 더 선호할 수 있고요. 다국적 기업이다 보니 해외에서 출장을 오는 일이 많아 호텔은 필수입니다. 외국 기업이 들어오는 일은 이처럼 도시의 발달에 큰 영향을 줍니다.

나이로비 행정 당국 입장에서도 반길 만한 일입니다. 외국 기업이 들어서면 부가적인 효과를 얻을 수 있거든요. 규모가 커진 도시를 운영하고 유지하려면 많은 노동력이 필요합니다. 거리와 빌딩을 청소하는 사람부터 대형 병원의 의료진까지, 기존에 없던 일자리가 만들어집니다.

고층 빌딩과 함께 대규모로 도시 인프라가 개발되면 토지의 가치가 오릅니다. 토지 가치가 오르면 투자자들이 몰리고, 새롭게 투자되면서 더 규모가 큰 상업 시설과 기업이 들어섭니다. 이렇게 자본이 다시 자본을 부르는 순환 구조가 만들어져요.

하지만 모든 일에는 좋은 면만 있지는 않습니다. 부동산 가치가 상승하면 도시에 활력을 더하며 긍정적인 효과를 냅니다만 '투기'라는 문제가 남습니다. 투기는 앞으로 땅값이 더 오를 것을 기대하면서 웃돈을 얹어 토지를 매입하는 행위입니다. 투기하는 사람들은 흔히 은행에 무리하게 빚을 질 때가 많아요. 부동산의 미래 가치에 투자한다는 명목 아래 투기가 성행하면, 결국 과도한 투기 열풍을 불러와 거품이 크게 낀 시장을 만듭니다. 어느 순간 거품이 사라지면 핑크빛 미래는 일순간에 암흑기로 변합니다. 부동산 가치가 가파르게 떨어지고 거래가 얼어붙어 경제 전반이 침체기에 빠질 수 있어요.

역사적으로 반복돼 온 부동산 투기 열풍은 지속 가능한 부동산 개발 정책을 고민하게 만듭니다. 활기를 띤 나이로비 부동산 시장 역시 머지않은 시기에 마주해야 할 예고된 미래입니다. 과연 부동산 가치가 상승하는 것은 도시에 사는 모든 구성원에게 이로울까요?

부동산 가치 상승에 가려진 도시의 어두운 그림자

앞서 살펴봤듯이 나이로비의 부동산 가치를 높이는 주체는 대개 케냐의 시민이기보다는 다국적 기업을 앞세운 외국인입니다. 외국 자본이 들어와 고층 빌딩을 세우고 주거 지역과 도시 인프라를 개선하는 것은 케냐의 중산층에게는 반가운 일입니다. 도시 환경이 개선되고 이는 자연스럽게 부동산 가치 상승으로 이어져 투자의 흐름을 만들 수도 있죠. 이 지점에서 기억해야 할 건 젠트리피케이션(gentrification)입니다.

젠트리피케이션은 세계 어느 도시에서나 보편적으로 나타나는 사회 현상입니다. 영국의 도시 사회학자 루스 글라스가 1964년 처음 사용한 용어로, 중상류층인 젠트리(gentry)가 공간을 점유해 나간다는 뜻에서 젠트리피케이션이라고 부르기 시작했습다.

젠트리피케이션은 도시에 대규모 자본이 흘러들 때 나타납니다. 자본력을 갖춘 집단이 공간을 서서히 잠식하면 부동산 가치가 상승하며 임대료가 오릅니다. 그렇게 되면 그곳에서 살아가던 사람은 높아진 임대료를 감당하기 힘들어지고, 짐을 꾸려 임대료가 상대적으로 저렴한 공간을 찾아 이동합니다. 누구도 떠나라고 강요하지 않았지만, 부동산 가치의 변화가 이들의 이동을 강제한 셈입니다.

부동산 투자 열기가 뜨거운 나이로비에서 젠트리피케이션은 숙명처럼 다가왔습니다. 나이로비의 핵심 상업 지역을 중심으로 개발된 고급 주거 단지에서 가장 먼저 밀려난 집단은 중하위 소득 계층입니다. 월세가 기하급수적으로 오르니 급여로 감당하기 힘들어 자연스럽게 더 저렴한 곳을 찾아 떠날 수밖에 없어요. 이들 중에는 청년도 많습니다. 집값이 가파르게 오르니 집을 소유한 부유층만 도시의 노른자위에 있을 수 있습니다.

집을 빌리고 빌려주는 행위를 법으로 관리하는 임대차 보호 관련 제도가 없는 것도 문제입니다. 국가가 주도해 마련하는 공공 주거 시설도 부족합니다. 주변으로 밀려난 사람들은 상대적으로 더 열악한 생활 환경에 놓일 수밖에 없습니다. 학교와 병원, 관공서, 은행 등은 물론 교통 시설도 열악하기 때문입니다. 외국 자본의 힘으로 성장한 도시의 구조적인 한계라고 볼 수 있

나이로비 최고 상업 지구와 최대 슬럼가는 개발 도상국 경제 성장의 양면성을 보여 준다.

습니다.

부동산 가치가 급속하게 상승하는 상황은 슬럼 문제도 심화합니다. 유엔 재난위험경감사무국이 운영하는 프리벤션웹의 2020년 발표에 따르면, 케냐의 수도 나이로비에는 40개 이상의 지역이 슬럼으로 지정돼 있습니다. 그곳에 사는 사람도 440만 명에 달합니다. 도시 전체 인구의 약 60퍼센트가 슬럼에 사는 저소득층이라는 뜻입니다. 케냐에서 가장 부유한 도시지만, 도시 인구의 절반 이상이 슬럼에 사는 나이로비는 공간 불평등이 심각합니다.

개발 도상국의 대도시는 십중팔구 슬럼이라는 주거 문제를 안고 있다. 슬럼은 쉽게 말해 비공식 주거지다. 도시 외곽이나 산비탈에 사람들이 집을 짓고 살면서 시작된다. 키베라는 나이로비 핵심 지구에서 불과 6킬로미터 남짓 떨어져 있다. 키베라에서 길을 하나 건너면 담 하나를 사이에 두고 부유층의 주거 공간이 펼쳐진다.

슬럼은 생활 환경이 매우 열악합니다. 생존의 기본이 되는 상하수도와 의료 시설이 부족한 곳도 많아요. 이런 환경에 사람들이 밀집해 살면 전염병에 취약해질 수밖에 없습니다. 안타까운 점은 슬럼 간에도 위계가 나타난다는 사실입니다. 도심과의 거리가 가까울수록, 생활 환경이 조금이라도 나을수록 임대료는 더 비쌉니다. 중심지로부터 멀어질수록 환경은 더욱 열악해지고요. 슬럼조차 시장의 원리에 따라 차별적으로 구성된 것은 자본주의 시장 경제 체계가 드리운 깊은 그림자라고 할 수 있습니다.

도시의 발전을 이야기할 때 우리는 한 가지를 꼭 물어야 합니다.
부동산 가치가 상승하며 날로 화려해지는 도시가 모두를 위한
도시인지를 말이에요.

카이로 타워

사막에 피어난
스마트 시티, 카이로

이집트의 랜드마크 하면 가장 먼저 무엇이 떠오르나요? 대부분 피라미드를 떠올릴 것 같습니다. 정확히 말하자면 기자의 대(大)피라미드입니다. 피라미드가 만들어진 건 기원전 2560년경입니다. 지금으로부터 약 5,000년 전에 높이 약 150미터에 이르는 기념비적인 건축물을 만든 것이죠. 더욱 흥미로운 건 21세기에 접어들어서도 기자의 대피라미드는 이집트에서 가장 높은 건축물이었다는 점입니다. 긴 세월 동안 그 어떤 건물도 대피라미드를 넘지 못했습니다.

1961년에 이르러서야 최고층 건축물의 순위가 바뀝니다. 바로 그 주인공은 높이 187미터의 카이로 타워입니다. 현지인 대부분은 이집트 최고의 랜드마크로 기자의 대피라미드를 꼽고, 그다음으로 카이로 타워를 꼽는다고 합니다.

카이로 타워에 올라 봅시다. 높은 곳에서 드넓은 평원을 보고, 아기자기한 시가지를 읽다 보면 카이로의 면면을 입체적으로 바라볼 수 있을 거예요. 이번엔 여기에 스마트 지도를 덧대어 볼 생각입니다. 전망대에서 바라보는 풍경과 스마트 지도에서 찾은 정보를 요리조리 조합하면 꽤 특별한 도시 읽기를 경험할 수 있어요.

아름다운 카이로 경관의 주역, 나일강

카이로 타워는 현지인은 물론 여행자도 즐겨 찾는 건물입니다. 이 건물은 고대 이집트 문명에서 파라오의 권위와 생명력을 상징하던 연꽃을 형상화한 격자형 무늬가 타워 외벽을 감싸며 올라갑니다. 시각적으로 참신하고 독특한 매력이 있죠. 외관은 물론 타워 안에서 볼 수 있는 경관도 매력적입니다. 꼭대기의 전망대에 오르면 카이로 시내를 한눈에 굽어볼 수 있거든요.

카이로 타워 전망대에서 내려다보는 풍경 중 단연 최고는 나일강입니다. 나일강을 중심으로 카이로를 볼 때, 이 건물의 위치는 절묘합니다. 스마트 위성 지도를 펼쳐 카이로 타워를 검색해 봅시다. 그러면 이 건물이 온통 누런 황색으로 뒤덮인 이집트 국토에서 푸른 녹음이 넓게 펼쳐지는 공간의 출발점에 있음을 확인할 수 있습니다. 시야를 넓히면 녹색 지대는 아스완이라는 도시 일대에서 시작해 지중해까지 이어집니다. 그러다 이 건물을 기점으로 한 송이의 푸른 꽃이 피어난 것처럼 신비로운 모습을 보여 주죠.

전망대에서 바라보는 푸르른 나일강의 모습은 이곳이 정말 사막 기후 지역이 맞는지 눈을 의심하게 합니다. 이집트는 사하

카이로 타워는 나일강이라는 자연환경과 카이로라는 대도시를 내려다보는 망루처럼 보인다. 왼쪽 사진은 사막을 관통하는 유일한 생명수인 나일강 유역과, 지중해와 만나는 나일강 삼각주의 모습이다.

라 사막과 똑같은 건조 사막 기후 지역입니다. 하지만 나일강 주변과 그 영향을 받는 카이로 일대는 예외입니다. 푸른 녹음이 유지될 수 있는 것은 오롯이 이 강 덕분입니다. '이집트는 나일강의 선물'이라는 말이 있을 정도로 이집트라는 도시에 아주 중요한 강이에요. 나일강은 '세계에서 가장 긴 강'으로 유명합니다만(물론 아마존강이 더 길다는 논쟁이 있지만) 그건 강의 겉모습만 보고 이해한 것입니다. 나일강의 가장 중요한 면모는 어떤 것일까요?

카이로 타워에서 드론을 띄워 나일강을 거슬러 오르는 상상을 해 봅시다. 상류를 향해 오르다 보면 가장 먼저 아스완 댐을 만납니다. 아스완 댐은 나일강의 주기적인 범람에 따른 피해를 막고 하류의 여러 도시에 물을 안정적으로 공급하고자 만들어졌습니다. 1902년에 완공됐으니 아주 오래전에 벌인 대규모 토목 공사라 할 수 있습니다. 여기서 주목할 것은 나일강의 주기적인 범람입니다. 우리나라도 여름철에 홍수 피해를 종종 입지만 '주기적인 홍수'라는 표현은 쓰지 않습니다. 주기적이라는 말 자체가 예측할 수 있고 매년 반복돼야 하기 때문이죠. 그런 면에서 나일강의 범람은 꽤 주기적입니다.

아스완 댐을 지나 조금 더 상류로 거슬러 오르면 나일강이 크게 둘로 나뉘는 구간이 나옵니다. 하나는 백나일, 다른 하나는 청나일입니다. 이름에서 느껴지듯이 청나일의 유량이 더 풍부합니다. 나일강을 주기적으로 넘치게 하는 건 이중 청나일의 영향이 큽니다. 청나일을 따라 끝까지 거슬러 오르면 나일강이 정말 길다는 사실을 실감할 수 있어요. 그 끝자락에는 에티오피아의 타나호가 있습니다. 이곳이 바로 나일강의 수원지입니다.

주기적인 범람은 나일강이 출발하는 지역과 밀접한 관련이 있습니다. 그 일대는 열대 사바나 기후 지역입니다. 사바나 기후는 비가 집중해 내리는 우기와 거의 오지 않는 건기의 구분이 뚜렷합니다. 물을 내려보내는 지역의 기후가 이러하니 물이 넘치는 것 역시 주기적으로 일어나겠죠. 주요한 강이 일정한 주기로 범람하다 보니 이집트인들은 날짜를 세는 일에 더욱 예민해졌습니다. 고대 이집트 문명이 셈에 밝고 천문학이 발달한 것은 이 때문입니다. 주기적인 범람을 이용해 농경지를 확보하고 터전을 일군 것 또한 유명한 이야기죠. 오늘날로 치면 측량 기술, 천문학, 기하학과 같은 학문이 발전한 셈이에요.

주기적인 범람이라니 이런 모습도 그려 볼 수 있습니다. 비가 많이 와 물이 풍성한 우기가 끝난 직후에는 농사를 짓고, 건기에는 농사를 짓기 어려우니 노동력을 동원해 파라오의 권위를 세우는 일에 몰두하는 모습 말입니다. 한 해 동안 꾸준히 농사를 지어야 하는 조건에서는 제아무리 파라오의 절대 권력이라고 해도 오랜 기간 노동력을 부리긴 쉽지 않았을 것입니다. 나일강의 지리적 특성과 농민의 엄청난 노력이 만난 결과가 바로 기자의 대피라미드입니다.

삼각주의 원형, 나일강 삼각주

　나일강은 사막의 마르지 않는 오아시스입니다. 고대 이집트 문명을 넘어 오늘날의 이집트에도 없어서는 안 될 핵심 자원입니다. 1억 명이 넘는 이집트 인구의 약 95퍼센트가 나일강에 기대 살 정도입니다. 나일강은 상류에서부터 꾸준히 물질을 운반해 하류로 가지고 옵니다. 지질학적 단위의 시간 동안 켜켜이 쌓인 퇴적 물질은 오늘날 세계에서 가장 큰 삼각주를 이루었습니다.

　삼각주를 가리키는 영어 델타(delta)는 삼각주의 모양이 그리스 문자 델타(△)와 닮아 붙여진 이름입니다. 나일강에 실려 내려오던 물질이 지중해에 다다라 바닷물과 만나는 지역에서 서서히 쌓인 건데요. 그 삼각주가 시작되는 지점이 바로 카이로 타워 일대입니다. 나일강 삼각주는 남북으로 길이가 약 160킬로미터에 이릅니다. 부채꼴 모양으로 퍼져 나가는 삼각주의 모습은 안정적인 느낌을 줍니다. 삼각주 안으로는 작은 지류가 여러 갈래로 나뉘어 흐릅니다.

카이로 타워를 기점으로 넓고 푸른 녹지가 만들어진 건 그만큼 나일강 삼각주의 지하수가 풍부하기 때문입니다. 삼각주 아래에는 지하수 층이 꽤 두껍게 발달해 있습니다. 거대한 퇴적 물질 위를 요리조리 흘러가는 하천은 압도적인 양의 지하수에 비하면 빙산의 일각입니다. 그 지하수가 넓은 삼각주의 든든한 우물이 돼 늘 푸른 경관을 연출할 수 있습니다. 사막이라 늘 기온이 높은데 물은 충분하니 그야말로 비옥한 토양 조건이 완성되는 셈이죠.

이곳 삼각주에서는 밀과 보리, 옥수수, 콩 그리고 쌀이 주로 재배됩니다. 이집트에서 쌀을 재배한다니 다소 의아할 수 있을 것 같아요. 하지만 이집트는 서아시아 최대의 쌀 생산국입니다. 벼는 아열대성 작물입니다. 높은 기온이 1년 내내 유지되고 또 생장기에 물을 충분히 공급해 줄 수만 있으면 1년에 여러 번 수확할 수 있어요. 나일강 삼각주에서 쌀을 재배한 역사는 약 1,400년 전으로 거슬러 오릅니다. 오래전부터 풍토에 맞게 작물을 경작해 온 인류의 도전과 지혜가 참으로 흥미롭습니다.

이집트에는 하맘 마슈위라는 요리가 유명합니다. 아랍어로 '비둘기 요리'라는 뜻입니다. 요리법은 간단합니다. 쌀과 밀, 올리브유, 향신료를 적절하게 섞어 식용 비둘기에 채워 넣고 굽습니다. 우리나라의 오리 진흙 구이와 비슷한 음식이라 생각하면 됩니다. 귀한 날 보양식으로 즐겨 먹는다고 하니, 지역은 달라도 쌀을 재배하는 나라에서 비슷한 음식 문화가 발달했다는 점이 흥미롭네요.

스마트 시티를 향한 이집트의 도전

카이로 타워에서 나일강 삼각주를 등지고 반대 방향으로 몸을 돌리면 기자의 대피라미드와 뉴 카이로를 먼발치에서 관찰할 수 있습니다. 시야가 트이는 맑은 날, 오른쪽 멀리 바라보면 뾰족하게 솟은 사각뿔 형태의 피라미드를 볼 수 있을 거예요. 고대 이집트 문명의 화려한 옛 시절을 상징하는 피라미드는 그 자체로 살아 있는 화석으로 과거로의 시간 여행을 허락합니다. 오랜 세월 나일강의 축복을 받으며 인간의 이야기를 빚어 온 이집트를 만날 수 있게 하죠.

이번에는 왼쪽으로 멀리 시선을 돌리면 뉴 카이로를 만납니다. 뉴 카이로는 카이로의 행정 신도시입니다. 우리나라 세종특별자치시의 설립 취지와 비슷합니다. 새로운 행정 수도 뉴 카이로에 독보적으로 우뚝 솟은 빌딩은 아이코닉 타워입니다. 높이

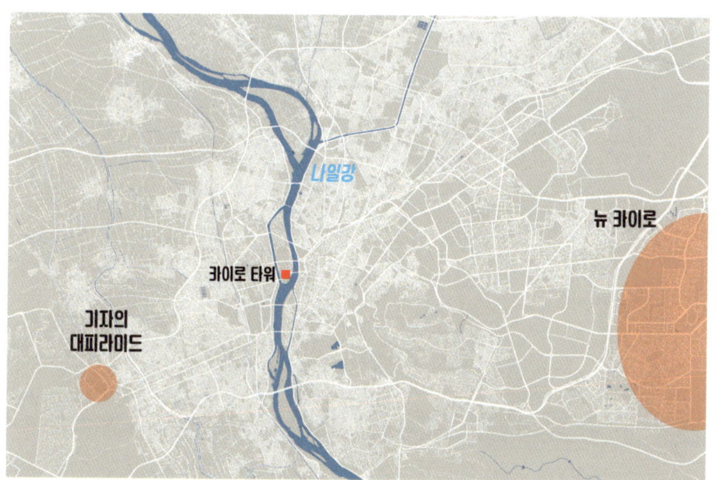

카이로 타워는 옛 카이로 시가지를 중심으로 기자의 대피라미드와 뉴 카이로를 잇는 중간 지점에 있다. 고대 이집트 문명과 중세 이슬람 문명 그리고 현대의 번화한 도시라는 세 축을 잇는 흥미로운 랜드마크가 바로 카이로 타워다. 뉴 카이로는 나일강에 의존한 기존 도시 구조를 극복하고 최첨단 도시로 나아가는 이집트의 새로운 변화를 알린다.

가 무려 394미터에 이릅니다. 이집트를 넘어 아프리카 대륙에서 가장 높은 마천루입니다. 2015년부터 시작된 신도시 조성 프로젝트는 행정 수도를 이전해 과밀화된 카이로의 인구를 분산하는 것이 주된 목적입니다.

아이코닉 타워를 필두로 최첨단 도시 환경이 만들어지고, 대통령궁을 비롯한 의회, 대사관, 대모스크 등 행정과 종교 시설이 속속 들어서고 있습니다. 마치 흰 도화지에 그림을 그리듯이

아이코닉 타워와 주변 풍경. 뉴 카이로는 포화 상태에 이른 올드 카이로의 대안으로 건설되는 도시다. 인간의 환경 통제 기술과 능력이 향상되면서 '나일강의 선물'을 포기할 수 있었다는 점이 흥미롭다. 거주 불가능 지역을 거주 가능 지역으로 바꾸면서 자국 내 영토 확장에 성공했다. 뉴 카이로의 부유층 거주 지역에는 높은 담장이 있고 경비원이 상주한다. 자연환경을 거슬러 만든 새로운 도시는 그만큼 더 많은 에너지가 필요하다.

원하는 대로 도시를 만들 수 있어 모든 게 실험적입니다. 그 안에는 세계적인 스마트 시티 건설이라는 원대한 꿈이 숨어 있습니다.

스마트 시티는 말 그대로 '스마트(smart)'한 도시입니다. 이곳저곳에서 쌓인 데이터를 기반으로 도시를 운영하죠. 나날이 쌓이는 막대한 데이터는 도시를 더욱 효율적으로 만드는 데 필요한 자양분입니다. 교통 체증을 해소하거나 쓰레기를 관리하거나 폐기물을 제때 치우는 일 역시 데이터를 바탕으로 설계됐어요. 이를 실현하려면 첨단 기술과 접목하는 일이 필수입니다.

오늘날 스마트 시티는 정보 통신 기술(ICT)과 사물 인터넷(IoT)을 기반으로 움직입니다. 두 기술은 도시를 모든 면에서 지능적으로 만드는 핵심입니다. 뉴 카이로 인근의 스마트 빌리지가 대표적인 사례입니다. 스마트 빌리지는 이집트가 IT 산업을 육성하고자 전략적으로 설계한 첨단 비즈니스 지구로, 마이크로소프트와 같은 다국적 기업의 지사와 이집트 최대의 통신사 본사, 증권 거래소, 통신 정보 기술부를 비롯한 정부 기관이 모여 있습니다. 초고속 인터넷 시스템과 광섬유 네트워크, 이를 지탱하는 안정적인 전력 공급망과 백업 시스템 덕분에 가능한 조합입니다. 이들이 한 공간에서 빠르게 상호 작용하니 효율적으로 활동할 수 있겠죠. 더 나아가 스마트 빌리지는 전체 면적의 약 80퍼센트를 녹지 공간으로 채우고 이 역시 앞선 기술력으로 체계적으로 관리합니다. 쾌적한 환경을 만드는 데에도 신경 쓰는 것을 보면, 스마트 시티가 추구하는 궁극적 목표는 삶의 질이라는 생각이 듭니다.

스마트 시티는 지속 가능할까?

사막의 신도시에서 펼쳐지는 스마트 시티를 향한 이집트의 도전은 그야말로 핑크빛입니다. 사막이라는 황무지에 첨단의 기술로 변화를 그려 나가는 이 도시는 그 자체로 경외감을 줍니다. 하지만 이쯤에서 생각해 볼 것은 21세기 지구촌의 화두인 지속 가능성입니다. 이왕에 영리한 도시 모델을 만든다면 그 편의만큼이나 오래 유지하는 게 관건이니까요. 스마트 시티는 정말 지속 가능한 도시 모델이 될 수 있을까요? 이집트의 뉴 카이로를 사례로 몇 가지 가능성을 점쳐 보겠습니다.

뉴 카이로는 이름 그대로 새롭게 조성한 카이로입니다. 기존 수도인 카이로의 과밀과 혼잡을 해소하고 미래 지향적인 도시 모델을 구현하고자 계획한 것이 바로 뉴 카이로예요. 기존 지역을 올드 카이로라고 부르기도 하는데요, 이러한 신구(新舊) 대비를 보자니 언뜻 인도의 델리와 뉴델리가 떠오릅니다. 우리나라에도 비슷한 사례가 있죠. 서울시에 있는 용산과 신용산 말입니다. 이처럼 뭔가 새로 만들어질 때는 기존 도시의 한계를 넘어서는 데 초점을 둡니다.

세계 곳곳의 오래된 도시는 대개 지속 가능한 모델로서는 근본적인 한계를 갖습니다. 여전히 중세 도시의 시스템을 간직한 북유럽의 몇몇 도시를 제외하고는 산업화의 과정을 거친 도시라면 어디나 우후죽순 밀려드는 인구를 감당하기에도 벅찼거든요. 하지만 뉴 카이로는 다릅니다. 어떤 면에서 그럴까요?

앞서 이야기했듯이 뉴 카이로는 백지에 새롭게 그린 도시입니다. 기존 시가지가 없는 상태라 모든 것을 예측하며 도시를 설계할 수 있었습니다. 도로나 상하수도, 전력 등의 기본 인프라부터가 첨단 기술과 만나 스마트한 관리 기능을 갖췄죠. 또한 법과 제도를 철저하게 갖춰 기존 도시에서 나타나는 슬럼이나 젠트리피케이션 등 도시 문제를 사전 통제하는 데도 관심을 기울였습니다. 이론상으로는 모든 게 완벽합니다. 뉴 카이로의 미래를 긍정적으로 보는 이유입니다.

하지만 부정적 견해도 만만치 않습니다. 가장 심각한 건 올드 카이로와의 단절입니다. 뉴 카이로에 살 수 있는 사람은 부유층이나 다국적 기업에 종사하는 중산층 이상의 고소득자입니다. 이들을 위해 특별히 마련된 뉴 카이로는 국가적 통합을 저해하는 요소가 될 수 있습니다. 누구에게나 열려 있지만 아무나 그곳에 가서 살 수 없는 미래판 빗장 도시(gated city)가 되는 셈입니다. 스마트 시티가 보편적으로 누구나 누릴 수 있는 기술 지향성을 띤다는 점에서 사회적 계층 간의 단절은 모순입니다.

나아가 뉴 카이로는 전기 먹는 하마입니다. 첨단 기술로 상상을 초월하는 데이터를 모으고 관리할 때 드는 비용은 천문학적입니다. 데이터를 관리하고 연산하는 데 필요한 시설, 데이터를 백업하는 데이터 센터가 특히 그렇습니다. 데이터 센터에서는 엄청난 양의 열이 발생해 주기적으로 냉각시켜 줘야 기능을 유지할 수 있습니다. 사막의 땅에서 자연 냉각은 기대하기 어려운 일이죠. 어쩔 수 없이 전기를 써서 냉각해야 하는 구조입니다. 환경적 지속 가능성 또한 스마트 시티로서 중요한 목표인데요, 뉴 카이로에겐 이 부분이 커다란 난제로 남습니다.

스마트 시티가 앞으로 인류가 만들어 가야 할 도시 모델이라는 사실은 분명합니다. 하지만 그건 어디까지나 생활하는 사람의 관점입니다. 사람에겐 더할 나위 없이 영리한 도시지만 지구적 관점에선 부담스러운 존재일 가능성도 큽니다. 스마트 시티는 지속 가능할까요? 그건 스마트 시티가 앞으로 환경 문제를 어떻게 극복하느냐에 달려 있습니다. 만약 이 문제가 근본적으로 해결된다면? 비로소 진정한 스마트 시티라고 할 수 있을 거예요.

11

시드니 타워

이주의 물결이 만든 다양성과 다문화주의

　자, 손을 꽉 잡으세요. 바늘처럼 뾰족한 모양의 시드니 타워(309m)에 올라야 하거든요. 그렇다고 너무 겁먹지는 마세요. 전망대가 아슬아슬하게 서 있는 것 같아도 56개의 강철 케이블로 단단히 묶여 있거든요. 워낙 단단해서 강풍이나 지진에도 끄떡없습니다.

　시드니 타워가 널리 이름을 알리게 된 계기는 2000년 시드니 올림픽 대회입니다. 시드니 곳곳에서 눈에 띄는 구조물이라 올림픽 중계 영상이나 사진 등에 자주 노출됐죠.

　시드니 타워에 올라 봅시다. 이곳의 전망대에선 낮에는 푸른 바다와 아름다운 도시 경관을, 밤에는 별처럼 빛나는 야경을 감상할 수 있어요. 그러고는 살짝 관점을 비틀어 시드니가 어떻게 오스트레일리아의 최대 도시가 될 수 있었는지도 살펴보면 좋겠네요. 그 출발을 알려면 아무래도 유럽인이 처음으로 오스트레일리아를 발견한 대항해 시대로 거슬러 올라가야겠죠? 시드니는 어떤 공간의 이야기를 간직하고 있을까요?

오스트레일리아를 유럽에 알린 제임스 쿡

시드니 타워에 오르면 가장 먼저 시드니 항을 감싸안은 푸른 바다가 시야에 들어옵니다. 스마트 지도를 확인하니 파라마타강이 바다와 만나는 곳입니다. 파라마타강은 드나듦이 매우 복잡합니다. 마치 우리나라 서·남해안의 다도해를 보는 느낌입니다. 파나마타강의 윤곽을 살펴보면 한 가지 의문이 생깁니다. 바다까지 이어지는 넓은 만 여러 개를 묶어 모두 파나마타강이라고 부를 수 있는가의 문제입니다. 어디부터 강이 바다와 만나는 하구(河口)인지 하는 의구심은 드나듦이 매우 복잡한 파나마타강의 지리적 특징 때문에 생겨나는 자연스러운 호기심입니다.

아름답지만 꽤 복잡한 형태의 항구 풍경은 리아스식 해안을 떠올리게 합니다. 앞서 123쪽에서 살펴봤듯이 리아스식 해안은 지구가 매우 추웠던 마지막 빙기 이후에 만들어졌어요. 빙기 이후를 뜻하는 후빙기엔 극지방과 대륙 곳곳의 빙하가 서서히 녹으면서 전 지구적으로 해수면이 오르는 현상이 생겼습니다. 강은 오래전부터 계곡을 만들며 흘렀을 테고, 그 골짜기 사이사이를 바닷물이 밀고 올라와 채우면서 복잡한 해안선이 만들어집니다.

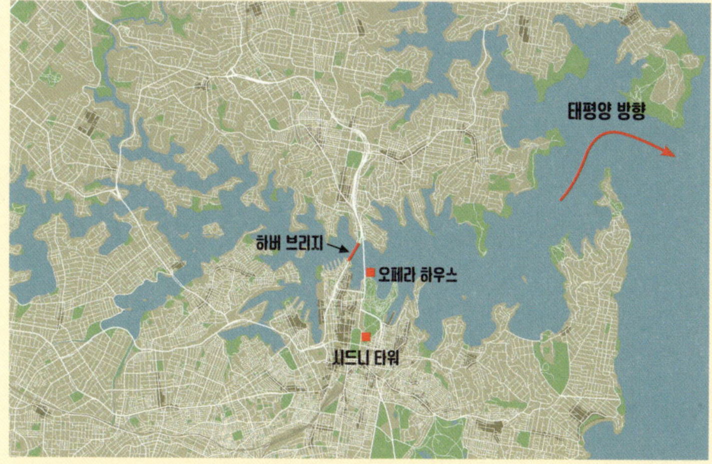

시드니를 둘러싼 복잡한 해안선은 다양한 규모의 해안 시가지와 항구의 발달을 이끌었다. 시드니 타워에 오르면 복잡하고도 아름다운 시드니 전경을 파노라마처럼 관람할 수 있다.

드나듦이 복잡한 해안선은 천혜의 항만이 됩니다. 입구가 좁아 파도의 영향을 차단하는 효과가 있고, 내륙으로 들어갈수록 드나듦에 따른 다양한 땅의 형태가 만들어지기 때문입니다. 크고 작은 드나듦은 터전으로 삼기에 좋은 땅을 만드는 재주가 있습니다. 특히나 내륙에서 강이 흘러드는 곳은 해안이지만 농사를 지을 수 있는 훌륭한 터전이 되죠. 위 조건에 조수 간만의 차가 없다는 조건이 더해지면 일정한 수심을 확보할 수 있다는, 항구로서는 큰 장점을 지닌 공간으로 거듭납니다. 시드니 항이 딱 이런 조건에 부합합니다.

오늘날 시드니 항이 된 포트 잭슨(Port Jackson)에 처음으로 문을 두드린 이는 영국의 제임스 쿡 선장입니다. 그는 유럽인 중 최초로 오스트레일리아 동쪽 해안에 발을 들었습니다. 1770년 쿡 선장이 도착한 지역은 정확히 따지자면 시드니가 아닌 보터니만 일대입니다. 이후 보터니만에 영국인의 첫 기착지가 만들어졌죠. 당시 제임스 쿡과 동행한 식물학자 조지프 뱅크스는 이곳에서 막대한 식물 표본을 채집해 본국으로 돌아갔고 세계적인 명성을 얻었습니다. 채집한 식물의 종류가 워낙 방대해 '식물학(botany)'을 의미하는 영어 단어를 따서 보터니만이라 이름을 지을 정도였어요.

사실 쿡은 영국 왕립 학회의 명을 받들어 탐험 길에 오른 것이었어요. 그는 남태평양의 섬 타히티에서 천문 현상을 관측하는 임무를 부여받았습니다. 금성이 태양 표면을 통과하는 현상을 기록하는 것이 주된 임무였고, 그와 더불어 미지의 땅을 찾아 탐험하라는 부가적 임무가 있었죠. 그는 타히티에서 뉴질랜드로 가 섬을 탐방했고, 뉴질랜드에서 서쪽으로 항해하다가 보터니만에 상륙했습니다. 보터니만 일대를 둘러본 쿡은 영국으로 귀환했고, 사람이 거주할 수 있는 대륙의 존재는 삽시간에 유럽 대륙에 소문이 퍼졌어요. 결과적으로 오스트레일리아를 향한 유럽인의 이주를 본격화한 셈이죠.

시드니의 성장과 골드러시

18세기 말, 영국의 감옥은 만원이었습니다. 영국은 미국이 독립 전쟁으로 독립하기 전까지 본국의 죄수 상당수를 미국에 수용해 왔습니다. 매년 1,000명에 가까운 죄수가 미국으로 보내졌는데, 이는 곧 미국이라는 식민지를 개척할 때 유용하게 이용할 수 있는 노동력이기도 했죠. 하지만 1776년 미국이 독립한 후, 영국은 새로운 수용 장소를 찾아야 했습니다. 그 대안으로 떠오른 지역이 바로 보터니만이었어요.

영국은 오스트레일리아에 감옥을 만들어 넘쳐 나는 죄수를 수용할 계획이었습니다. 1788년 아서 필립 선장이 이끄는 배를 타고 죄수를 포함해 1,000명이 넘는 사람이 보터니만에 당도했습니다. 하지만 보터니만은 입구가 꽤 넓었고 배를 대기에는 수심이 얕았어요. 필립 선장은 대안을 찾아 나섰고, 지금의 시드니항 일대를 최적의 공간으로 낙점했습니다.

이후부터는 일사천리였습니다. 자유 정착민은 시드니를 괜찮은 도시 공간으로 바꾸어 나갔습니다. 죄수를 수용하는 도시라는 부정적인 이미지도 서서히 씻어 내고자 노력했죠. '괜찮은 도시' 시드니를 향한 유럽인의 이주는 가속화됐고, 공간을 바꾸는 움직임도 주변 지역으로 확장됐습니다. 멜버른, 퍼스 등 오늘날 오스트레일리아의 주요 도시는 대체로 시드니와 비슷한 과정으로 성장하며 도시적 면모를 갖춰 나갔습니다.

완만하던 도시 성장 곡선을 가파르게 만든 건 다름 아닌 골드러시입니다. 골드러시는 특히 인구 증가에 기름을 부었어요. 1851년 그레이트디바이딩산맥의 끝자락에 해당하는 뉴사우스웨일스주 블루 마운틴에서 금광이 발견됐습니다. 몇 년 앞서 세계인의 이목을 끈 미국 캘리포니아주 금광에 버금가는 수준이라 미국과 독일, 프랑스 등 금광을 찾아 나선 많은 사람이 오스트레일리아로 몰려들었습니다.

시드니의 중심 업무 지구에는 고층 빌딩이 밀집해 있다. 수직적 도시 경관은 포트 잭슨이 깊게 파고든 해안 지형이라는 점과 관련이 있다. 마치 뉴욕 맨해튼이 좁은 공간을 활용하고자 마천루를 지어 수직적인 토지 이용을 도모한 것과 비슷하다. 항구와 빌딩 숲을 품은 도시는 대부분 글로벌 서비스와 금융 허브로 기능한다.

'급속한 이동'을 뜻하는 '러시(rush)'는 전혀 지나친 표현이 아니었어요. 당시 인구 통계를 보면, 골드러시 이전 대비 인구가 약 네 배 늘어났기 때문입니다. 특히 유럽과 미국인의 유입이 많았습니다. 미국의 유럽계 백인과 영국의 백인 이민자가 많이 몰리면서 자연스럽게 지배 세력은 백인이 됐습니다. 권력을 잡은 백인 집단은 유색 인종과의 사회적 격차를 만들기를 원했습니다. 중국 등지에서 온 아시아인이 일자리를 빼앗는다는 이유에서였죠. 1901년부터 약 70년간 유럽계 백인을 제외하고는 이민을 제한한 백호주의(白濠主義)의 뿌리가 바로 여기서 비롯합니다.

기억해야 할 사람들, 애버리지니 오스트레일리아인

지금까지 살펴본 이야기에서 잊지 말아야 할 사실은 제임스 쿡이 아무도 살지 않는 오스트레일리아 대륙을 발견한 게 아니라는 점입니다. 유럽계 백인이 '지배 세력'이 됐다는 것은 달리 말하면 이미 누군가 그곳에 살고 있었다는 뜻입니다. 오스트레일리아 대륙에는 이미 약 5~6만 년 전부터 원주민들이 살고 있었습니다. 이들을 '애버리지니 오스트레일리아인'이라고 불러요. 그 옛날 이들은 어떻게 오스트레일리아에 올 수 있었을까요?

고인류학계에 따르면, 인류의 기원지는 아프리카 동부 지역입니다. 이곳에서부터 점차 주변 지역으로 이동한 인류는 오랜 시간이 지나 오스트레일리아에 발을 들였습니다. 아프리카 대륙에서 지금의 서아시아 지역을 거쳐 동남아시아에 다다른 인류는 빙하기 때 낮아진 해수면과 뗏목을 활용해 오스트레일리아로 진입했다고 알려집니다. 오늘날 대륙붕 지역 대부분은 마지막 빙하기에 육지로 드러나 있었어요. 한반도 일대도 마찬가지였죠. 그 시기 황해는 육지였고, 제주도는 물론 쓰시마섬과 일본 규슈까지도 걸어서 이동할 수 있었어요.

인도차이나반도에서 인도네시아로, 다시 인도네시아의 수많

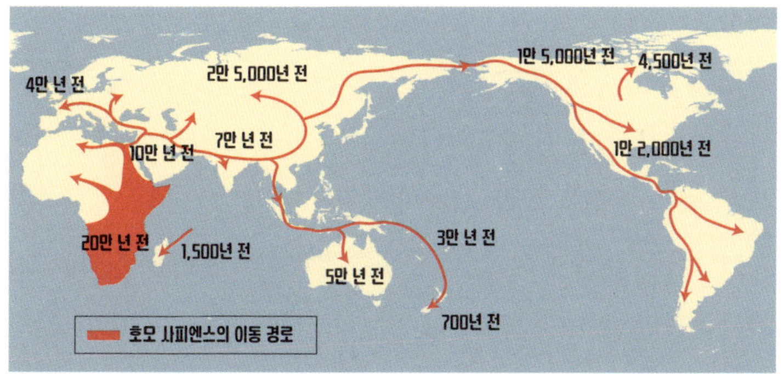

인류는 아프리카 동부에서 기원해 아메리카 대륙까지 넓게 퍼져 이동했다. 해수면이 훨씬 낮았던 빙기에는 육로로 이동하기도 했다. 당시에 오늘날의 오스트레일리아와 파푸아뉴기니 일대는 뗏목으로 이동할 수 있을 정도로 좁은 바다였다. 뉴질랜드에 인류가 처음 당도한 것은 가장 최근인 약 700년 전으로 알려진다. 거리가 멀기도 했지만 남태평양 일대의 조류와 바람의 방향이 이동을 힘들게 했다는 점이 한몫했다.

은 섬을 지나 오스트레일리아 북부로 이어지는 구간은 넓은 대륙붕이 발달한 지역입니다. 이러한 사실은 구글 위성 사진을 보면 더욱 도드라집니다. 바다를 표현한 푸른색 계열 중 가장 연한 색이 수심이 얕은 대륙붕 지역입니다.

대륙붕은 끊어질 듯 이어지면서 오스트레일리아 북부 지방과 닿습니다. 걸어갈 수 있는 데는 최대한 걸어서, 그렇지 않은 구간은 뗏목을 이용하면 이동은 불가능한 일이 아닙니다. 과거 넓은 대륙붕에 살던 인류가 해수면이 상승하면서 인도네시아 일대와 단절된 것이 애버리지니 오스트레일리아인 공동체의 시작이라는 견해도 있습니다. 인류는 이처럼 환경 변화에 따라 차근차근 영역을 넓혀 갔습니다.

식민지화 이후 애버리지니는 갖은 차별에 시달려 왔습니다. 어떤 때는 원주민 말살 정책이라는 무시무시한 장벽을 마주쳤고, 또 어떤 때는 뜻하지 않은 동화 정책으로 혼란을 겪었죠. 오락가락하던 원주민 정책은 2008년 오스트레일리아 총리 케빈 러드가 공식적으로 사과하면서 변화의 급물살을 탔습니다. 그는 원주민을 '우리의 동료 호주인(our fellow Australians)'이라 표현했습니다. 사실 애버리지니 오스트레일리아인은 이곳에서 문명을 일군 최초의 사람들입니다. 그들의 문화를 존중하고 자치권을 보장하는 건 당연한 일입니다.

백호주의는 이제 안녕!

오늘날 인구는 국가 존립의 핵심 기반입니다. 세계 주요 선진국이 저출산을 심각한 위기로 받아들이는 건 인구가 곧 국력이라는 강한 신념 때문입니다. 국가는 물론이거니와 작은 마을도 사람이 없으면 의미가 없습니다. 사람이 떠난 공간이 머지않아 쇠락의 길을 걷는 것은 오랜 역사가 증명하죠. 도시든지 촌락이든지 간에 사람이 살아가는 기반이 유지되려면 인구는 필수 불가결한 요소입니다.

오스트레일리아는 세계적으로 많은 비판을 받던 백호주의 제도를 거둬들이면서 적극적으로 이민자를 수용했습니다. 최소한의 절차를 밟되 성별·나이·피부색 등을 근거로 이민을 제한하지 않겠다는 게 정책의 골자입니다. 오랜 기간 백호주의를 표방하던 오스트레일리아가 태세 전환을 보인 까닭은 뭘까요? 그건 급격한 고령화와 저출산이라는 사회적 문제와 닿아 있습니다. 한 사회의 노인 인구 비중이 전체 인구의 20퍼센트를 넘는 초고령 사회가 저출산이라는 문제와 만나면 인구가 감소하고 국력이 쇠락하는 건 시간문제입니다. 오스트레일리아는 바로 이런 변화에 민감하게 대응하는 거예요.

오스트레일리아가 이민자를 그저 받아들이기만 하는 건지, 아니면 그들이 잘 정착할 수 있게 제도적으로 뒷받침하는지는 영주권 총 발행 숫자를 보면 알 수 있습니다. 약간의 부침은 있지만, 이 숫자가 매년 증가하는 추세입니다. 이민자가 느니 국가 인구도 늘었죠. 최근 몇 년간 연평균 16만 명 내외로 영주권을 발급하면서 총인구는 어느새 3,000만 명을 바라봅니다. 오스트레일리아 전체 면적으로 보면 여전히 인구가 적지만, 백호주의 폐지 이전과 비교하면 인구가 약 2.5배 늘어났어요.

오스트레일리아를 다채롭게 만드는 다문화주의

　시드니를 거닐다 보면 이곳이 다양한 민족(인종)으로 구성된 사회라는 점을 한눈에 알 수 있습니다. 마치 미국의 샌프란시스코나 뉴욕과 비슷한 느낌입니다. 오스트레일리아 최대의 도시답게 시드니는 이민 정책을 가장 적극적으로 펴는 도시입니다. 오스트레일리아 통계청에서 실시한 2021년 인구 조사에 따르면, 시드니의 인구 중 약 40퍼센트가 이민자입니다. 이는 오스트레일리아 전체 평균인 약 30퍼센트를 크게 웃도는 수치입니다. 이민자는 대부분 시드니 도심 근처에 살면서 다양한 직군에서 일해요.

　다문화주의를 선도하는 오스트레일리아지만, 모든 것에는 그늘도 있게 마련입니다. 오스트레일리아에 정착한 이민자는 고령화 사회의 빈약한 청년층을 메웁니다. 이들은 새로운 국가 성장 동력으로 인정받지만 조국에 관한 정체성이 약하다는 문제가 있습니다. 시드니의 민족(인종) 구성은 영국계, 오스트레일리아인, 중국계, 아일랜드계, 스코틀랜드계 순으로 많습니다. 이들은 모두 국적이 오스트레일리아지만, 가까운 조상의 모국이 오스트레일리아가 아니라는 근원적 한계가 있는 셈입니다.

시드니가 있는 오스트레일리아 남동부 지역은 날짜 변경선과 거리가 가깝다. 날짜 변경선은 동경 180도와 서경 180도가 만나는 지점이다. 덕분에 세계 주요 대도시 중에서 가장 먼저 새해를 맞는 이벤트를 열 수 있었다. 새해맞이 불꽃 축제 때 하버 브리지와 오페라 하우스는 폭죽 발사대의 역할도 한다. 아름다운 건축물과 화려한 불꽃이 어우러진 항구의 풍경은 매년 100만 명 이상의 관람객을 모으는 일등 공신이다.

매년 새해 첫날 시드니 항 주변은 인산인해를 이룹니다. 엄청난 규모의 불꽃놀이가 열리거든요. 불꽃놀이를 관람하는 최대 명당 중 하나가 바로 시드니 타워입니다. 타워 전망대에선 시야를 가리는 구조물이 없습니다.

시드니 타워에서 불꽃 축제를 맞는다면, 시드니를 메운 많은 사람을 떠올려 보면 어떨까요? 형형색색의 불꽃이 하늘에 펼쳐 놓는 다채로운 그림은 마치 오스트레일리아가 그리는 다문화주의의 목표와 닮았다는 걸 느낄 수 있을 거예요. 어떤 것이든 획

일회된 건 생명력이 낮고 지속 가능하지 않습니다. 환경이든지 도시든지 사람이든지 간에 다채로운 구성 속에서 뜻하지 않은 가능성이 움트는 것이 오랜 세월 동안 변하지 않는 진리입니다.

12

스카이 타워

생태 도시를 향한 오클랜드의 도전

드디어 마지막 여행지입니다. 몽환적인 빛깔의 하늘과 멋진 운해가 어우러진 풍경이 정말 아름답네요. 신령스러운 느낌을 자아내는 이곳은 어딜까요? 힌트를 줄게요. 여기는 세계에서 가장 먼저 해가 뜨는 나라입니다. 어렵다고요? 수도는 웰링턴이고, 원주민 마오리족의 하카 춤이 매우 유명해요. 아직도 어렵다고요? 그렇다면 마지막 단서! 영화 〈반지의 제왕〉의 촬영지입니다. 맞아요, 뉴질랜드입니다. 뉴질랜드에서 가장 큰 도시, 오클랜드를 방문해 볼 거예요.

오클랜드의 인구는 약 150만 명 정도로 뉴질랜드 전체 인구의 약 3분의 1에 달합니다. 인구는 도시의 강력한 힘입니다. 세계적으로도 예외가 거의 없을 정도죠. 사람이 밀집하는 게 중요한 까닭은 시너지 효과 때문입니다. 하나보다는 둘, 둘보다는 셋이 더 똑똑한 결과를 만들어 내죠. 이른바 집단 지성이 잘 구현되는 공간이 바로 도시예요.

오클랜드를 구석구석 살펴보려면 스카이 타워에 올라야 합니다. 스카이 타워의 높이는 328미터에 이릅니다. 푸른 바다와 항구, 바삐 오가는 사람과 자동차, 이웃한 고층 빌딩 숲은 전망대에서 즐길 수 있는 매력적인 풍경입니다. 스카이 타워가 특히 붐비는 날은 새해 첫날이랍니다. 오클랜드는 세계에서 해가 가장 먼저 뜨는 대도시로 유명하거든요. 천혜의 자연환경을 품은 나라 뉴질랜드의 최대 도시는 어떤 미래를 준비할까요?

해돋이 명소 오클랜드와 표준시의 역사

뉴질랜드의 이미지는 '친환경'입니다. 푸른 초원이 끝없이 펼쳐진 목초지에서 소와 양이 한가로이 풀을 뜯는 모습! 뉴질랜드를 대표하는 이미지라고 봐도 과언이 아닙니다. 뉴질랜드는 이름에서부터 새로운 느낌을 줍니다. '뉴(new)'가 국명에 들어간 나라는 극히 드뭅니다. 뉴질랜드, 파푸아뉴기니 정도죠.

이름에 '뉴'가 들어간 이유는 뉴질랜드를 처음 발견한 사람 때문입니다. 네덜란드에는 제일란트주가 있습니다. 뉴질랜드를 처음 발견한 네덜란드 출신 항해가 아벌 타스만이 새로운 제일란트라는 뜻에서 붙인 이름이 지금의 국명이 됐어요. '뉴' 때문인지 뉴질랜드에는 뭔가 새로움이 있을 거라는 묘한 기대감이 듭니다.

뉴질랜드의 최대 도시 오클랜드는 전 지구에서 해돋이를 가장 일찍 맞이하는 대도시로 꼽힙니다. 해돋이가 가장 이르다는 건 동쪽 끝에 있다는 뜻이겠죠? 그런데 잠깐, 지구는 둥근데 어떻게 동쪽 끝이 있을까요? 동쪽으로 가도 가도 결국엔 빙글 한 바퀴를 돌 텐데 말이에요. 이 문제를 해결하고자 인간은 지구에 가상의 선을 인위적으로 그었습니다. 바로 경선입니다. 이 경선

오클랜드의 전경. 오른쪽의 높게 솟은 건축물이 스카이 타워다.

의 시작점(경도 0°)을 영국 그리니치 천문대를 기준으로 그어 뉴질랜드가 동쪽 끝에 속하는 나라가 됐습니다. 경선은 오늘날 표준시를 계산하는 도구이기도 해요.

19세기 말, 국가 간 교역이 폭발적으로 늘어났습니다. 교역이 활발해질수록 물건을 예측 가능한 시간에 받을 수 있게 도와줄 표준 시간이 필요해졌습니다. 국토가 동서로 긴 나라도 지역마다 서로 다른 시간을 사용해 발생하는 혼란을 줄일 필요가 있었죠. 누군가는 세계적으로 표준시를 주도해 만들어야 했습니다. 당시 해상 무역과 국제 질서를 주도하던 영국이 그 작업의 중심

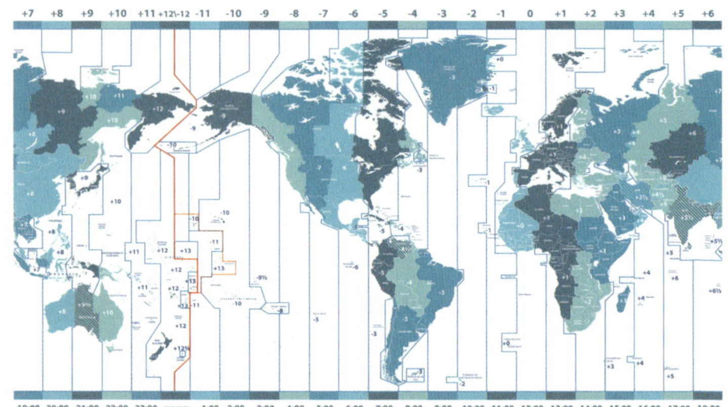

표준시는 경도를 기준으로 정해진다. 경도 15도가 한 시간에 해당하며, 영국을 기준으로 동쪽으로 가면 시간을 더하고 서쪽으로 가면 시간을 뺀다. 빨간색으로 표시된 것은 날짜 변경선이다. 뉴질랜드 오클랜드와 오스트레일리아 시드니는 날짜 변경선과 가까운 대도시다. 전 세계에서 가장 빨리 새해를 맞이할 수 있어 이곳에서 열리는 새해 기념 행사는 상징적 의미를 지닌다.

에 선 것은 자연스러운 일이었습니다.

표준시는 북극과 남극을 잇는 가상의 선인 경선으로 계산합니다. 지구 한 바퀴인 360도를 하루 24시간으로 나누면 한 시간당 15도라는 값이 구해집니다. 이를 토대로 해서 영국을 기준으로 서쪽으로 갈수록 시간을 빼고, 동쪽으로 갈수록 시간을 더하는 규칙이 마련됐습니다. 그러니 영국을 기준으로 동쪽에 있는 대한민국은 영국보다 아홉 시간 빠르다는 셈법이 가능해졌죠. 다만 한 가지 문제가 있습니다. 지구가 둥글어 동쪽이나 서쪽으로 무한정 시간을 더하거나 뺄 수는 없다는 점입니다. 그래서 마련된 것이 영국을 기준으로 동서 방향으로 뻗어나갔을 때 만나는 경도 180도 지점의 날짜 변경선입니다. 이 선을 동쪽으로 지나면 하루를 빼고, 서쪽으로 지나면 하루를 더하기로 약속했어요.

날짜 변경선이 한 나라의 국토를 관통하게 되면 큰 문제입니다. 같은 나라에서 시간이 하루 차이가 나기 때문이에요. 다행히 경도 180도 일대는 육지가 거의 없는 태평양 한복판입니다. 날짜 변경선의 자리로 알맞죠. 오클랜드는 날짜 변경선에 가까이 붙은 대도시입니다. 스카이 타워에서 가장 빨리 새해를 맞는 축제가 탄생한 이유입니다. 오클랜드는 남반구에 있어 한여름에 새해를 맞는다는 흥미로운 경험도 가능해요.

전망대에 올라 생각하는 생태 도시

스카이 타워에 오르면 오클랜드 시내 곳곳을 둘러볼 수 있습니다. 바다와 낮고 연속적으로 펼쳐진 시가지 그리고 매우 높은 녹지 비율! 오클랜드가 아름다운 자연환경을 지닌 도시로 유명하다는 사실을 실감할 수 있어요. 다른 도시와 비교할 때 오클랜

오클랜드의 아름다운 자연환경

드가 뚜렷한 차별점을 보이는 주제는 바로 환경입니다. 이른바 '생태 도시'입니다.

생태 도시는 기후 변화에 따른 전 지구적 환경 문제로 제안된 개념입니다. 자연환경과 인간의 경제 활동, 사회 제도가 조화를 이루면서 이들 중 어느 쪽에도 치우치지 않고 균형 잡힌 도시를 뜻합니다. 생태 도시에 사는 시민은 깨끗한 환경과 안전한 사회 기반 시설을 누릴 수 있죠. 환경에 부담을 주는 오염 물질의 배출을 극도로 자제하고 적재적소에 필요한 만큼만 자원을 이용하기에, 생태 도시는 지속 가능한 도시라 불러도 손색이 없습니다.

그렇다면 생태 도시라는 개념이 처음 등장한 건 언제일까요? 전 지구적으로 경제가 연결되고 무역이 활성화하던 1970년대입니다. 이즈음 세계 경제에 커다란 타격을 준 오일 쇼크도 한몫했습니다. 화석 연료에 의존해 산업을 발달시키는 방법은 더는 지속 가능하지 않다는 인식이 퍼지기 시작했어요. 이미 20세기 초 영국 런던은 급격한 인구 증가로 환경 문제가 심각해지며 골머리를 앓았죠. 산업 혁명 이후 경제적으로 성공한 도시가 오히려 삶의 질이 나빠지는 일을 경험하면서 전원도시라는 개념이 생겼고, 이를 발전시킨 게 오늘날 생태 도시로 정립됐습니다.

생태 도시는 자립성과 순환성을 갖춘 시스템을 설계하는 것이 핵심입니다. 생태 도시의 모델은 숲이에요. 산불로 폐허가 된 산지는 나무를 심지 않아도 수년이 흐르면 자립성과 순환성을 갖춘 생태계로 복원됩니다. 생태 도시는 도시를 하나의 유기체로 바라보며, 자연스럽게 성장과 치유가 선순환을 그리는 시스템을 지향합니다. 그리고 이것이 바로 오클랜드가 목표로 하는 궁극의 도시 모델입니다.

눈에 띄는
핑크빛 도로의 정체

생태 도시를 지향하는 오클랜드에서는 어떤 실험이 실행되고 있을까요? 스카이 타워에서 남쪽으로 시선을 두면 겹겹의 도로가 보입니다. 뉴질랜드 북쪽 섬의 남북 방향을 잇는 1번 도로와 16번 도로가 거미줄처럼 교차하는 고가 도로의 모습입니다. 도로에는 차량이 바삐 오갑니다. 그 옆에 있는 핑크빛 도로가 눈길을 잡아끕니다.

도로를 유심히 보고 있으면, 자전거를 탄 사람이 지나가기도 하고 부모와 함께 어린이들이 세발자전거나 퀵보드를 타고 가기도 합니다. 간간이 스케이트보드를 타는 청소년과 유아차를 끄는 엄마나 아빠의 모습도 보입니다. 주요 간선 도로 곁에 나란히 있는 이 도로의 정체는 뭘까요?

도로의 이름은 라이트패스(Lightpath)입니다. 뜻을 풀면 '빛으로 이어지는 길'입니다. 이런 길이 오클랜드 시내 한복판에 있다는 게 흥미로운데요. 서울의 옛 청계 고가 도로를 리모델링한 서울로7017이 떠오르기도 합니다. 그도 그럴 것이 이 도로는 본디 고속 도로 진입로로 사용하고자 닦은 것이에요. 하지만 필요성이 사라지면서 보행자와 자전거 전용 도로로 용도가 변경됐습

보행자와 자전거 전용 도로인 라이트패스

니다. 보드나 자전거와 같은 다양한 모빌리티를 이용해 도심을 쉽게 오갈 수 있게 재설계한 것이 라이트패스의 가장 큰 특징입니다.

시민들의 안전과 편의를 고려하되, 쓸모가 없어진 도로를 폐기하지 않고 새로운 대안을 찾는 노력은 생태 도시의 지향점에 부합합니다. 고가 도로 형태의 라이트패스가 없다면, 자동차 이용이 더욱 증가했을 것이기 때문이에요. 라이트패스 근처에는 이 구간을 오갈 수 있는 모빌리티를 제공하는 공유 모빌리티 서비스 플랫폼이 있습니다. 전동 스쿠터, 공유 자전거 등을 대여해 주죠. 시민들은 손쉽게 모빌리티를 빌려 오클랜드 도심으로 향합니다. 가령 교외 지역에 사는 사람이 버스 정류장에 내린 후 공유 자전거나 전동 스쿠터를 타고 고속 도로 구간을 안전하게 건널 수 있습니다.

아주 긴 도로는 아니지만, 이러한 실험적 공간이 있는 것과 없는 것은 차이가 큽니다. 시민들이 자동차가 아닌 이동 수단을 경험해 보게 하고, 생태 도시의 가치에 더욱 관심을 갖게 북돋을 수 있죠. 이런 공간은 결국 도시의 이동 문화를 바꾸는 작은 출발점이 될 수 있어요.

오클랜드 대학교 캠퍼스를 바라보면서

스카이 타워에서 동쪽으로 시선을 돌리면 오클랜드 대학교 캠퍼스가 보입니다. 대학 캠퍼스인 만큼 다른 공간보다도 녹지 비율이 압도적으로 높아요. 또한 생태 도시에 있는 대학답게 생태 도시를 위한 노력이 캠퍼스 곳곳에서 실험 중입니다.

대학교가 지속 가능성을 위해 노력한다는 게 생소한 느낌이지만, 대학 캠퍼스는 작은 도시와 비슷한 면이 많습니다. 영국의 옥스퍼드 대학교나 케임브리지 대학교 모두 도시의 일부가 대학으로 발전한 역사가 있습니다. 이 대학들도 오클랜드 대학교와 마찬가지로 캠퍼스의 지속 가능성에 관해 고민이 깊어요.

오클랜드 대학교의 도전 중 가장 눈에 띄는 건 재활용 시스템입니다. 캠퍼스에는 대형 식당과 카페가 많습니다. 이곳에서 배출하는 쓰레기의 양을 최소화하는 게 목표입니다. 잔반을 없애는 습관은 학교 구성원 모두가 실천할 수 있는 쉽고도 중요한 일입니다. 최대한 음식을 남기지 않게 노력하고, 그래도 남은 잔반은 퇴비로 만들 수 있는 것을 분류해 재활용합니다.

대학교에서 가장 많이 버려지는 쓰레기인 종이 인쇄물도 마찬가지입니다. 불필요한 낭비를 줄이는 것은 물론, 학습 자료를

스카이 타워에 오르면 푸른 바다를 품은 항구를 비롯해 넓은 녹지 공간을 두루 감상할 수 있다. 천혜의 환경을 자랑하는 나라의 대도시인 만큼 지속 가능한 도시 환경에 상당히 신경 쓴 흔적을 여러 곳에서 찾아볼 수 있다.

아예 온라인으로 전환하기도 했죠. 모든 프린터의 기본 값을 양면 인쇄로 설정해 종이 낭비를 최대한 줄이려 노력하기도 해요.

오클랜드 대학교 캠퍼스에서는 학생 대부분이 자동차 대신 공유 모빌리티를 이용합니다. 굳이 직접 만날 필요가 없는 강의는 온라인으로 전환해 모이는 횟수를 줄입니다. 모임을 하려고 이동하는 것 자체가 탄소 배출과 관련이 크기 때문이에요. 나무를 심어 녹지 비율을 더욱 높이기도 합니다. 이는 탄소 배출을 억제하는 가장 쉽고 근본적인 방법이기도 하죠.

캠퍼스 건물을 리모델링하는 과정도 눈에 띕니다. 기존 건물의 에너지 사용 효율을 개선하고자 구조를 바꾸고 전구 하나하나를 저전력 모델로 교체합니다. 티끌 모아 태산이라는 말처럼 작은 습관과 실천이 쌓이면 나중에는 커다란 차이를 만들어 낼 수 있습니다. 대학은 정말 작은 도시처럼 생태 도시가 추구하는 모델을 실천할 수 있는 공간이네요. 전망대에서 내려다보는 오클랜드 대학교의 녹음이 더욱 푸르르게 느껴집니다.

그렇다면 우리나라의 대학 캠퍼스는 어떨까요? 사정은 비슷합니다. 2024년 고려대학교, 서울대학교, 연세대학교, 포항공과대학교는 지속 가능 캠퍼스를 위한 비전을 공유했습니다. 그린 캠퍼스, 탄소 중립 캠퍼스, 종이 없는 캠퍼스 등을 실천해 지속 가능한 대학을 만들자는 공동의 비전입니다.

여기서 탄소 중립이란 탄소 순 배출량을 '0'으로 만들자는 개념입니다. 가령 인간이 활동으로 배출한 온실가스의 양을 100이라고 할 때, 숲을 조성하거나 탄소를 포집해 저장 또는 활용하는 기술(CCUS)을 이용해 100만큼의 온실가스를 없애면 탄소 중립을 달성한 것으로 봅니다. 이러한 노력을 개인과 기업, 국가, 지구적 차원으로 확대하는 일은 지속 가능한 발전과 기후 변화 대응에 꼭 필요한 일입니다. 국제 사회는 2050년까지 탄소 순 배출량을 0으로 만들자는 공동의 목표를 세웠습니다. 우리나라도 이에 동참하고자 '2050 탄소 중립'을 선언하고 여러 방면에서 탄소 배출을 줄이려 노력하고 있습니다.

대개 넓은 부지를 사용하는 대학 캠퍼스는 작은 도시와 같습니다. 기후 변화에 따른 전 지구적 위기를 극복하고자 전 세계 대학이 노력합니다. 하버드 대학교, 매사추세츠 공과 대학교, 스탠퍼드 대학교 등은 재생 에너지 전력 구매 계약(PPA, Power Purchase Agreement)을 활용해 탄소 중립을 실천합니다. PPA는 캠퍼스에서 화석 연료가 아닌 재생 에너지로 생산한 전기를 쓰겠다는 선언입니다. 미국의 주요 대학은 전기 공급자와 계약을 맺을 때 짧게는 10년, 길게는 25년간 계약을 맺습니다. 그러니 꽤 큰 영향을 미치겠죠.

오클랜드의 한계와
생태 시민의 필요성

생태 도시를 향한 위대한 도전을 하고 있지만, 오클랜드에도 커다란 걸림돌이 하나 있습니다. 바로 인구 집중화 현상이에요. 인구가 한곳에 집중되면 필연적으로 에너지 사용 또한 몰리면서 안정성이 떨어지는 등의 문제가 생길 수밖에 없습니다. 인구가 밀집한 오클랜드 시가지는 구조적으로 생태 도시가 지향하는 생활 환경과는 거리가 멉니다.

사실 오클랜드의 도심은 포화 수준에 이르렀습니다. 꾸준히 몰려드는 인구를 감당하려면 새로운 공간이 필요한데, 기존의 녹지 공간을 없애자니 생태 도시와는 거리가 멀어질 게 분명합니다. 그러니 주택 공급에 한계가 있고, 그 결과 부동산 가격이 오릅니다. 생활 수준이 높아진 곳은 매력적인 투자 공간이 돼 가뜩이나 높아진 부동산 가치를 더욱 높이는 악순환이 일어나요. 부동산 가격의 상승은 곧 임대료의 상승을, 임대료의 상승은 곧 시민들의 생활비 부담으로 이어집니다. 오클랜드의 주요 거주 공간은 바로 이런 위기에 놓여 있습니다.

또한 인구가 집중되면 극심한 교통 체증이 생겨납니다. 생태 도시를 향한 여러 노력에도 불구하고 인구 집중은 에너지 소비

2026년 현재 오클랜드는 밀려드는 인구로 녹지 비율이 갈수록 줄고 있다. 해안선의 드나듦이 복잡한 해안 도시라서 시가지를 수평적으로 확장하기 어렵기 때문이다. 단독주택 일변도였던 주택 양상이 최근 6~10층 규모의 아파트로 빠르게 변모하고 있다. 주택 밀집도 증가는 결국 생태 도시의 필수 조건인 녹지 공간의 감소로 이어진다. 오클랜드는 지속 가능한 도시의 변곡점에 서 있다.

와 탄소 배출을 늘리는 측면이 있습니다. 과밀화된 대도시의 정책은 지속 가능성보다는 당장의 공간 효율을 추구하는 방향으로 흐르기 쉽죠. 오클랜드와 같은 생태 도시는 그 장점이 분명하지만 기존의 도시 기반 시설을 충분히 개선하지 못한 채 그곳으로 인구가 과하게 집중된다면 한계를 마주할 수 있습니다.

그런 면에서 생태 도시로 성장하려면 국민적 합의가 뒷받침돼야 합니다. 생태 도시가 되는 길은 오랜 시간 쌓여 온 도시의 질서와 생활 방식을 혁신적으로 바꾸는 일이기 때문입니다. 그 첫걸음은 성숙한 생태 시민 의식을 갖추는 것입니다. 생태 시민은 자신의 작은 행동이 이 도시는 물론, 지구를 위한 변화의 시작점이라는 걸 알고 실천합니다. 나라의 주인은 국민이고, 학교의 주인은 학생이듯이, 생태 도시의 주인은 생태 시민이어야 합니다. 그래야 정책을 뛰어넘는 진정한 생태 도시가 만들어질 수 있어요. 오클랜드가 청소년과 성인의 지속 가능 교육에 많은 예산을 투입하는 이유입니다.

이미지 출처

33쪽	(위) 국가유산청 (아래) 저자 제공(ⓒ최재희)
37쪽	저자 제공(ⓒ최재희)
112쪽	(오른쪽) 위키커먼스(ⓒPaulisson Miura)
125쪽	위키커먼스(ⓒCalentin.calentin)
182쪽	위키커먼스(ⓒMohamed Ouda)
197쪽	위키커먼스(ⓒNordNordWest)

- 출처 표시가 없는 이미지는 셔터스톡 제공 사진입니다.
- 이 책에 쓰인 이미지 중 저작권자를 찾지 못하여 게재 동의를 얻지 못했거나 저작권 처리 과정 중 누락된 이미지에 대해서는 확인되는 대로 통상의 절차를 밟겠습니다.

찾았다! 랜드마크에 숨은 세계 지리

1판 1쇄 발행일 2026년 4월 27일

지은이 최재희

발행인 김학원
발행처 (주)휴머니스트출판그룹
출판등록 제313-2007-000007호(2007년 1월 5일)
주소 (03991) 서울시 마포구 동교로23길 76(연남동)
전화 02-335-4422 **팩스** 02-334-3427
저자·독자 서비스 humanist@humanistbooks.com
홈페이지 www.humanistbooks.com
유튜브 youtube.com/user/humanistma
인스타그램 @gomgom_teens

편집주간 황서현 **편집** 이여경 임미영 **디자인** 유주현 **일러스트** 인삼
조판 홍영사 **용지** 화인페이퍼 **인쇄·제본** 정민문화사

ⓒ 최재희, 2026

ISBN 979-11-7087-484-3 43980